大数据技术精品系列教材

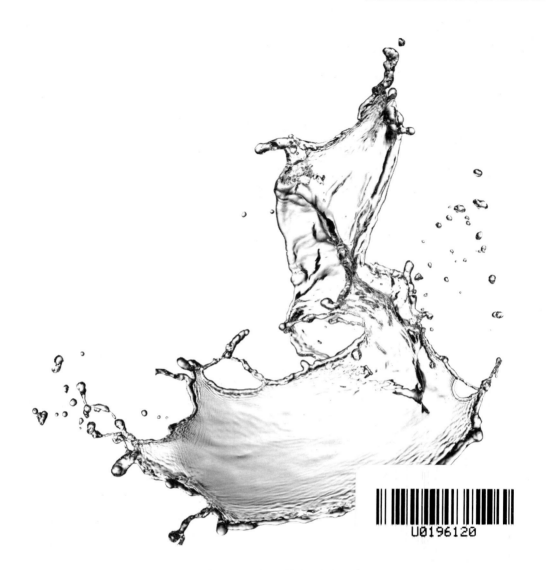

U0196120

大数据导论

Introduction to Big Data

林涛 张良均 ◉主编

李微 葛苏慧 胡晓东 ◉副主编

人民邮电出版社

北 京

图书在版编目（CIP）数据

大数据导论 / 林涛，张良均主编. -- 北京 : 人民
邮电出版社，2024.6
大数据技术精品系列教材
ISBN 978-7-115-64323-0

Ⅰ. ①大… Ⅱ. ①林… ②张… Ⅲ. ①数据处理—教
材 Ⅳ. ①TP274

中国国家版本馆CIP数据核字(2024)第086031号

内 容 提 要

　　本书以大数据处理技术涉及的主要流程为主线，深入浅出地介绍大数据相关的基础知识。本书条理清晰、重点突出，内容循序渐进、难易得当。全书共 7 章，内容包括大数据概述，大数据采集，大数据存储与管理，大数据分析，数据可视化，数据安全、隐私保护与开放共享，以及大数据技术应用实例。本书还设置了实训和课后习题，通过练习和操作实践，帮助读者巩固所学的内容。

　　本书可作为大数据技术相关专业课程的教材，也可作为大数据技术爱好者的自学用书。

◆ 主　　编　林　涛　张良均
　　副主编　李　微　葛苏慧　胡晓东
　　责任编辑　初美呈
　　责任印制　王　郁　焦志炜

◆ 人民邮电出版社出版发行　　北京市丰台区成寿寺路 11 号
　　邮编　100164　电子邮件　315@ptpress.com.cn
　　网址　https://www.ptpress.com.cn
　　保定市中画美凯印刷有限公司印刷

◆ 开本：787×1092　1/16
　　印张：11.75　　　　　　　　　2024 年 6 月第 1 版
　　字数：250 千字　　　　　　　 2024 年 6 月河北第 1 次印刷

定价：49.80 元
读者服务热线：(010)81055256　印装质量热线：(010)81055316
反盗版热线：(010)81055315
广告经营许可证：京东市监广登字 20170147 号

大数据技术精品系列教材
专家委员会

专家委员会主任：郝志峰（汕头大学）

专家委员会副主任（按姓氏笔画排列）：

王其如（中山大学）

余明辉（广州番禺职业技术学院）

张良均（广东泰迪智能科技股份有限公司）

聂　哲（深圳职业技术大学）

曾　斌（人民邮电出版社有限公司）

蔡志杰（复旦大学）

专家委员会成员（按姓氏笔画排列）：

王爱红（贵州交通职业技术学院）　　韦才敏（汕头大学）

方海涛（中国科学院）　　　　　　　孔　原（江苏信息职业技术学院）

邓明华（北京大学）　　　　　　　　史小英（西安航空职业技术学院）

冯国灿（中山大学）　　　　　　　　边馥萍（天津大学）

吕跃进（广西大学）　　　　　　　　朱元国（南京理工大学）

朱文明（深圳信息职业技术学院）　　任传贤（中山大学）

刘保东（山东大学）　　　　　　　　刘彦姝（湖南大众传媒职业技术学院）

刘深泉（华南理工大学）　　　　　　孙云龙（西南财经大学）

阳永生（长沙民政职业技术学院）　　花　强（河北大学）

杜　恒（河南工业职业技术学院）　　李明革（长春职业技术大学）

李美满（广东理工职业学院）　　　　杨　坦（华南师范大学）

杨　虎（重庆大学）　　　　　　　　杨志坚（武汉大学）

杨治辉（安徽财经大学）　　　　　　杨爱民（华北理工大学）

肖　刚（韩山师范学院）　　　　　　吴阔华（江西理工大学）

邱炳城（广东理工学院）　　　　　　何小苑（广东水利电力职业技术学院）

余爱民（广东科学技术职业学院）　　沈　洋（大连职业技术学院）

沈凤池（浙江商业职业技术学院）　　宋眉眉（天津理工大学）

张　敏（广东泰迪智能科技股份有限公司）

张兴发（广州大学）

张尚佳（广东泰迪智能科技股份有限公司）

张治斌（北京信息职业技术学院）　　张积林（福建理工大学）

张雅珍（陕西工商职业学院）　　　　陈　永（江苏海事职业技术学院）

武春岭（重庆电子科技职业大学）　　周胜安（广东行政职业学院）

赵　强（山东师范大学）　　　　　　赵　静（广东机电职业技术学院）

胡支军（贵州大学）　　　　　　　　胡国胜（上海电子信息职业技术学院）

施　兴（广东泰迪智能科技股份有限公司）

韩宝国（广东轻工职业技术大学）　　曾文权（广东科学技术职业学院）

蒙　飚（柳州职业技术大学）　　　　谭　旭（深圳信息职业技术学院）

谭　忠（厦门大学）　　　　　　　　薛　云（华南师范大学）

薛　毅（北京工业大学）

序

随着大数据时代的到来，电子商务、云计算、金融科技、物联网、虚拟现实、人工智能等概念不断渗透并重塑传统产业，大数据当之无愧地成为新的产业革命核心。产业的迅速发展使教育系统面临着新的考验。

职业院校作为人才培养的重要平台，肩负着为社会培育人才的使命。职业院校做好大数据人才的培养工作，对职业教育向类型教育发展具有重要的意义。2016年，教育部批准职业院校设立大数据技术与应用专业，各职业院校随即做出反应，目前已经有超过600所学校开设了大数据相关专业。2019年1月24日，国务院印发《国家职业教育改革实施方案》，明确提出"经过5—10年左右时间，职业教育基本完成由政府举办为主向政府统筹管理、社会多元办学的格局转变"。从2019年开始，教育部等四部门在职业院校、应用型本科高校启动"学历证书+若干职业技能等级证书"制度试点（以下称1+X证书制度试点）工作。希望通过该制度试点，深化教师、教材、教法"三教"改革，加快推进职业教育国家"学分银行"和资历框架建设，促进书证融通。

为响应1+X证书制度试点工作，广东泰迪智能科技股份有限公司联合业内知名企业及高校相关专家，共同制定《大数据应用开发（Python）职业技能等级标准》，并于2020年12月正式获批教育部1+X职业技能等级证书：大数据应用开发（Python）。大数据应用开发（Python）职业技能等级证书是以Python技术为主线，结合企业大数据应用开发场景制定的人才培养等级评价标准。该证书主要面向中等职业院校、高等职业院校和应用型本科院校的大数据、商务数据分析、信息统计、人工智能、软件工程和计算机科学等相关专业；考查学生在大数据应用中各个环节的关键能力，如数据采集、数据处理、数据分析与挖掘、数据可视化、文本挖掘、深度学习等。

目前，大数据技术相关专业的高校教学体系配置过多地偏向理论教学，课程设置与企业实际应用契合度不高，学生很难把理论转化为实践应用技能。为此，广东泰迪智能科技股份有限公司联合业内相关专家针对大数据应用开发（Python）职业技能等级证书编写了相关配套教材，希望能有效解决大数据相关专业实践型教材紧缺的问题。

　　本系列教材的第一大特点是注重学生的实践能力培养，针对高校实践教学中的痛点，提出"鱼骨教学法"的概念，携手"泰迪杯"竞赛，以企业真实需求为导向，使学生能紧紧围绕企业实际应用需求来学习技能，通过企业案例的形式衔接学生需掌握的理论知识，达到知行合一、以用促学的目的。这恰与大数据应用开发（Python）职业技能等级证书中对人才的考核要求完全契合，可达到书证融通、赛证融通的目的。本系列教材的第二大特点是以大数据技术应用为核心，紧紧围绕大数据应用闭环的流程进行教学。本系列教材涵盖了企业大数据应用的各个环节，符合企业大数据应用的真实场景，使学生从宏观上理解大数据技术在企业中的具体应用场景和应用方法。

　　在深化教师、教材、教法"三教"改革和书证融通、赛证融通的人才培养实践过程中，我们将根据读者的反馈意见和建议及时对本系列教材进行改进、完善，努力使其成为大数据时代的新型"编写、使用、反馈"螺旋式上升的系列教材建设样板。

　　　　全国工业和信息化职业教育教学指导委员会委员
　　　　计算机类专业教学指导委员会副主任委员
　　　　"泰迪杯"数据分析技能赛组织委员会副主任

　　　　　　　　　　　　　2020 年 11 月于粤港澳大湾区

前　言

党的二十大报告指出，要加快建设网络强国、数字中国。加快数字中国建设，就是要适应我国发展新的历史方位，全面贯彻新发展理念，以信息化培育新动能，以新动能推动新发展，以新发展创造新辉煌。如今，发展数字经济已经在全球形成广泛共识，因为当前社会经济生活的生产要素发生了巨大改变，数据已经成为一种新的且十分重要的生产要素。建立在数据基础上的数字经济则成为一种新的经济社会发展形态，并形成新动能，重塑经济发展结构和深刻改变生产生活方式。在数字时代，数据量呈现爆炸式增长，数据的采集和处理方式也发生了巨大改变，如何保证数据的安全性、如何合理地展示数据内容、如何管理和存储数据等成了亟待解决的问题。随着数据量的增长，在数据中发现隐藏的价值信息成为可能，大数据技术成为研究的热点。大数据算法可以对数据进行处理和分析，给出智能决策，帮助行业人员解决传统方法无法解决的问题。大数据技术从计算机学科萌芽，逐步延伸到其他学科和商业领域，给我们提供了一种认识复杂系统的全新思维和探究客观规律的全新手段。大数据人才也成为各行业争夺的对象，培养大数据人才是当前的重要任务。

本书特色

- 本书前 6 章均以实例引入的方式引出技术内容，使读者很容易将各章的理论与实际相结合，通俗易懂，新颖独特。

- 本书融入了许多的新思政元素，并贯彻党的二十大精神，提出大数据和数字化相关的思政案例。

- 本书采用从知识点到具体的项目案例的讲解方式，让读者明白如何利用所学知识来解决问题，第 7 章介绍城市管理、金融领域、互联网领域、零售行业方面的多个项目案例，覆盖面广，案例丰富。

- 本书介绍数据采集、数据存储与管理、数据分析、数据可视化、数据安全与隐私保护等方面的内容，内容覆盖全面，技术深度合理，围绕大数据技术流程次第展开，层次分明，着重于解决问题的思路启发与解决方案的实施。

- 本书内含丰富的课后习题，包括单选题、多选题、简答题，同时第 2～5 章包含重要组件的安装实训，使读者通过实训和课后习题巩固所学知识，从而真正了解所学知识。

本书适用对象

- 学习大数据技术相关课程的本科高校及高职院校学生。
- 大数据技术使用人员。
- 大数据技术爱好者和初学者。
- 关注数据分析的从业人员。

代码下载及问题反馈

为了帮助读者更好地使用本书，本书配有 PPT 课件、教学大纲、教学进度表和教案等教学资源，读者可以从泰迪云教材网站免费下载，也可登录人邮教育社区（www.ryjiaoyu.com）下载。

我们已经尽最大努力避免在文本和代码中出现错误，但是由于水平有限，书中难免存在一些疏漏和不足。如果您有更多的宝贵意见，欢迎在泰迪学社微信公众号（TipDataMining）回复"图书反馈"进行反馈。更多本系列图书的信息可以在泰迪云教材网站查阅。

编 者

2024 年 6 月

泰迪云教材

目　录

第 ❶ 章 大数据概述

　　随着科学技术的不断进步，人类社会从工业时代进入了信息时代，计算机的普及和网络的发展，使越来越多的数据积累了下来。由于数据类型较多且分布在各处，其多样性和分散性使得获取、整合和处理数据变得十分重要。人们通过大数据技术对这些数据进行整合与分析，找到数据背后隐藏的规律，使数据的潜在价值得以释放，从而带来更多的发现和创新，带来更多商业价值，为人们的生活提供便利，使数据更好地服务于人类。

　　本章将从三次信息化浪潮迎来大数据时代展开介绍，然后介绍大数据产业发展概况，接着介绍大数据技术体系，最后介绍大数据相关岗位需求，使读者对大数据有较全面的了解。

学习目标

　　（1）了解三次信息化浪潮的进程、每一次浪潮带来的改变。
　　（2）了解大数据带来的思维改变、大数据的特点。
　　（3）了解大数据产业发展规模。
　　（4）熟悉大数据技术体系。
　　（5）了解大数据相关岗位需求。

素养目标

　　（1）通过了解信息化发展的过程，培养终身学习的态度和习惯。
　　（2）通过学习大数据产业发展情况，培养细致耐心、严谨认真的职业素养。
　　（3）通过了解大数据岗位需求，培养未雨绸缪的精神、有效利用信息的信息素养。

1.1　实例引入：三次信息化浪潮迎来大数据时代

　　古人记录信息的手段非常原始，如果要记住一件事，他们会在绳子上打一个结，以后看到该结，就会想起那件事，这便是结绳记事。如果有很多事需要记住，那么就会在绳子上打很多结，时间长了就很难想起是什么事了。由此可见，"结绳记事"这种古老的方法虽然简单但并不可靠。随着人类文明的不断进步，记录信息的载体也在发生着变化，例如龟甲、兽骨、竹简、纸张、录音磁带、可移动磁盘、数据库等。随着第三次工业革命的到来，人类进入了信息时代，电子计算机的发明更是为信息技术的发展插上了翅膀，大量的信息由此产生，大数据的时代就此到来。

1.1.1 信息时代数据爆炸

信息时代以电子信息产业的突破与迅猛发展为标志，和工业时代有着明显的区别。在工业时代，人们更看重的是土地、厂房、机械设备、劳动力等传统生产要素。在信息时代，数据变成一种新的生产要素，蕴含了对未来事件的判断、事物之间的联系、未被发现的知识规律等，因此，数据积累就显得十分重要。在信息时代，晶体管和大规模集成电路极大地降低了信息传播的费用，随着计算机的出现和逐步普及，信息对整个社会的影响逐步提高。信息指标呈现出一种逐渐提升的态势，主要体现在信息总量的增长、信息传播速度的提升、信息处理速度的加快以及信息应用的广度和深度的扩展。信息技术的发展为人们学习知识、掌握知识和运用知识带来了新的机遇和挑战。虽然信息与知识并非完全等同，但通过信息技术的支持，人们可以更方便地获取各种信息资源，并利用工具和平台进行知识的积累和应用。由于计算机技术和网络技术的应用，人们的学习速度在不断加快，要求管理者的管理模式也要适应新的特点和新的模式。

中国信息通信研究院发布的《大数据白皮书（2020年）》中提到，根据国际权威机构 Statista 的统计和预测，2035 年全球数据产生量将达到 2142ZB，全球数据量即将迎来更大规模的爆发。

1.1.2 三次信息化浪潮

在计算机发明后，信息化的发展进入了快车道，信息处理和存储的速度大幅提高。信息化发展大致包括三次浪潮，如图 1-1 所示。

图 1-1　信息化发展的三次浪潮

第一次信息化浪潮是计算机的普及。计算机刚被发明时，尺寸非常大，重量达到几十吨。随着集成电路的发展，晶体管取代了电子管，超大规模集成电路的发明使计算机的尺寸减小、性能提高、价格不断地下降，使计算机从一个玻璃房子里面的科学仪器，变成了普通家庭也可以使用的电子设备，让人们有机会使用计算机处理个人信息。

第二次信息化浪潮是互联网的普及。Internet 将大量的信息共享出来，形成了一个世界范围内的网络。在 1969 年，高级研究计划局（Advanced Research Projects Agency，ARPA）建立了一个实验性质的计算机网络，称为 ARPANET（Internet 的雏形）。ARPANET 首先让军方研究人员的网络与大学的网络连接起来，双方可以分享彼此的资源，通过 E-mail 通信；后来 ARPANET 随着时间不断地成长、演进，并且有更多机构的网络也开始与 ARPANET 衔接，原本的 ARPANET 经过了十几年的演变，终于成为全世界的个人、政府、商业、学术单位，只要拥有计算机就能连上的公开的庞大网络。在 Internet 上，用户可以搜索信息、发送邮件、上传数据等。无线网络的发展，让人们每时每刻都可以连接到 Internet，打破了时间和地域的限制，极大地提升了信息的共享程度。

第三次信息化浪潮是大数据技术的发展。网络共享使大量的数据积累下来，人类社会进入大数据时代。所谓大数据，是信息化发展到一定阶段之后的必然产物。大数据现象源于互联网及其延伸所带来的无处不在的信息技术应用，以及信息技术的不断低成本化。现在人类社会正在进入以数据的深度挖掘和融合应用为重点的大数据时代。

1.1.3　大数据的发展

大数据（Big Data）指无法在一定时间范围内用常规软件工具捕捉、管理和处理的数据集合，是需要经过新模式处理后才能具有更强的决策力、洞察发现力和流程优化力的海量、高增长和多样的信息资产。大数据技术的发展经过了近 40 年，通常可将其历程划分为 4 个阶段，如图 1-2 所示。

图 1-2　大数据技术的发展阶段

1. 萌芽阶段（1980 年—2008 年）

1980 年，美国著名未来学家阿尔文·托夫勒（Alvin Toffler）在《第三次浪潮》一书中提出大数据这一概念。在萌芽阶段，各行各业已经意识到，行业服务的提升基于处理更大量的数据，而且需处理的数据量超出了当时主存储器、本地磁盘甚至远程磁盘的承载能力，呈现出"海量数据"的特征。但是由于缺少基础理论研究和技术变革能力，社会对大数据的讨论只是昙花一现。

2. 发展阶段（2009 年—2011 年）

在发展阶段，处理海量数据已经成为整个社会迫在眉睫的事情，全球开始了大数据的研究探索和实际运用。2010 年，肯尼思·库克耶（Kenneth Cukier）发表了长达

14 页的大数据专题报告《数据，无所不在的数据》，系统地分析了当前社会中的数据问题；2011 年，麦肯锡公司发布了关于"大数据"的报告，正式定义了大数据的概念，引发各行各业对大数据的重新讨论；2011 年 11 月，我国工业和信息化部发布的《物联网"十二五"发展规划》提出加强海量信息的存储与处理、数据挖掘、图像视频智能分析等技术的研究。在发展阶段，技术的进步重新唤起了人们对于大数据的热情，人们对大数据及其相应的产业形态开始新一轮的探索创新，推动大数据走向应用发展的新高潮。

3．爆发阶段（2012 年—2016 年）

在爆发阶段，大数据成为各行各业讨论的时代主题，对数据的认知的更新引领着思维变革、商业变革和管理变革，大数据应用规模不断扩大，全球开始针对大数据制定相应的战略和规划。2013 年是我国大数据元年，此后以大数据为核心的产业形态在我国逐渐展开，在社会的各个领域中做出探索与实践。但是，爆发阶段也出现了一些阶段性问题，例如数据获取能力薄弱、处理非结构化数据的准确率低、数据共享存在障碍等，人们开始对大数据的价值产生怀疑。

4．成熟阶段（2017 年至今）

在成熟阶段，与大数据相关的政策、法规、技术、教育、应用等发展因素开始走向成熟，其中，政策和法规对技术的应用进行了约束和规范，起到了至关重要的作用。例如，《中华人民共和国数据安全法》《中华人民共和国个人信息保护法》等法规为大数据的合法、安全使用提供了指导。同时，"十三五"规划等发展战略为大数据的整体发展确定了方向。"十四五"规划指明，充分发挥海量数据和丰富应用场景优势，促进数字技术与实体经济深度融合，赋能传统产业转型升级，催生新产业新业态新模式，壮大经济发展新引擎。计算机视觉、语音识别、自然语言理解等技术的成熟消除了数据采集障碍，政府和行业推动的数据标准化进程逐渐展开，减少了跨数据库处理数据的阻碍。以数据共享、数据联动、数据分析为基本形式的数字经济和数据产业蓬勃兴起，逐渐形成了涵盖数据采集、数据分析、数据集成、数据应用的完整成熟的大数据产业链。将数据服务贯穿到生活的方方面面，有力提高了经济社会发展智能化水平，有效增强了公共服务能力和城市管理能力。

1.1.4　大数据带来思维模式的改变

在计算机发明初期，由于技术条件的限制，人类无法获取大量的数据，没有办法完全利用已获得的数据来分析问题，一般采用统计学方法和建立因果关系模型来分析。但是很多问题无法通过因果关系来描述，或其因果关系非常复杂难以准确描述。

在大数据时代，人类可以利用全部的样本数据，通过算法找出其中的繁杂关系；而且并不要求这些数据是完全精确的，可以是混杂的，完全符合客观世界的真实规律。这样的思路来分析问题，就是采用了大数据思维。

大数据思维是在利用数据解决业务问题的过程中所表现出来的思维模式，这个过程涉及一系列的步骤，包括选择一个业务领域或主题，理解业务问题及其数据，描述业务问题及其数据等。为了完整性，大数据思维还涉及寻找合适的方法分析数据，以及如何恰当地展示分析结果，把数据处理整个流程的开始（业务需求）和结束（结果的解释和展示）关联起来，形成一个闭环。

大数据思维的应用可以帮助企业和组织做出更明智的决策，推动科学研究的发展，提升产品和服务的质量，甚至改变社会发展的方向。因此，掌握大数据思维并善于利用大数据技术分析和解决问题，已经成为现代社会中重要的能力之一。

1.1.5　大数据的特点

存储和处理大数据的方式都不同于传统数据库数据。一方面，在处理能力上的要求超过了传统数据库系统上限，同时对数据传输速度要求也很高，并且存在大量不同于传统数据库表型结构化的非结构化数据的存储需求。另一方面，在大数据出现之前，计算机所能够处理的数据都需要在前期做结构化处理，并记录在相应的数据库中；而处理大数据的方式对数据的结构要求大大降低，人们在互联网上留下的社交信息、行为习惯信息、偏好信息等各种维度的信息都可以实时处理，立体完整地勾勒出每一个个体的各种特征。经过总结，可以得到大数据的 5 个特征，简称 5V 特征。

1. Volume（数据量）

数据量大，采集、存储和计算的量都非常大。顾名思义，"大数据"是巨量的数据，即"大数据"是一个体量特别大、数据类别特别多的数据集，并且无法用传统数据库工具对其内容进行抓取、管理和处理。数据的单位转换如下。

```
1 KB = 1024 B
1 MB = 1024 KB
1 GB = 1024 MB
1 TB = 1024 GB
1 PB = 1024 TB
1 EB = 1024 PB
```

大数据的起始计量单位通常是 PB、EB。到目前为止，尚未有一个公认的标准来界定"大数据"的大小，"大"只是表示大数据容量的特征，并非全部含义。

2. Variety（多样性）

如果将数据分类，可以简单地分为结构化数据、半结构化数据和非结构化数据。传统数据属于结构化数据，泛指存储在数据库里、可以用二维表逻辑来清晰表达的数据。而非结构化数据则是不方便用数据库二维逻辑表来表现的数据，包括所有格式的文本、图片、音频、视频、网页、系统日志等。半结构化数据是介于结构化数据与非结构化数据之间的数据，网页就属于半结构化数据，一般是自描述的，数据的结构和内容混在一起，没有明显的区分。

3. Value（价值）

随着互联网以及物联网的广泛应用，信息感知无处不在。信息海量，但真正具有价值的信息可能只占整体数据的一小部分，即价值密度较低。如何结合业务逻辑并通过强大的机器算法挖掘数据价值，是大数据时代最需要解决的问题。一般价值密度的高低与数据总量的大小成反比，以视频为例，一份时长 1 小时的监控视频，有用数据可能仅有几秒。

4. Velocity（速度）

"速度"包含 3 个方面的内容，即数据增长速度快、处理速度快和处理时效性要求高。《IDC：2025 年中国将拥有全球最大的数据圈》显示，预计 2025 年我国数据量将增至 48.6ZB，占全球数据量的 27.8%。随着数据量的增加，数据背后可被挖掘的信息也逐渐丰富，同时对数据处理速度的要求也提高了。如今社交媒体是增长速度最快的大数据源，微博、微信等社交媒体产生的不仅是"大数据"，还是具有很强时效性的"快数据"。社交网络中信息产生的数据流速度很快，这类数据通常被称为"快数据"，用传统的技术手段无法对"快数据"进行有效的分析，可以通过大规模的服务器集群对"快数据"流进行极其高速的处理。采用高性能、高并发的服务器集群，配备快速的处理器、大容量的内存和高速的存储设备，将数据分片存储在多台服务器上，并利用并行计算和分布式计算技术同时处理数据，有望实现不到 1 秒处理 1PB 的数据。大数据的处理对时效性要求高，因为数据具有时效性，所以超过了规定的时间某个数据就会失去其作用。例如，搜索引擎要求几分钟前的新闻能够被用户查询到，个性化推荐算法尽可能按要求实时完成推荐。"高速"是大数据区别于传统数据的显著特征。

5. Veracity（真实性）

数据的准确性和可信赖度高，即数据的质量高。数据本身如果是虚假的，那么就失去了存在的意义，任何通过虚假数据得出的结论都可能是错误的。追求数据质量是大数据一项重要的要求和挑战，要消除数据的不确定性。如果只是大量收集庞杂的数据，且数据的可信度很低，那么不管收集了多少数据，采用了何种分析方法，都无法真正发挥数据的力量，甚至付出昂贵的代价，其原因是基于低效数据做出的决策可能使得事情变得更加复杂。高质量的数据具有分类清晰、真实、易于管理等特征。

1.2 大数据产业发展概况

2020 年中国大数据领域的企业有 3000 余家，其中超 70%的大数据企业为 10 至 100人规模的小型企业。在产业蓬勃向上的发展阶段，中小企业在创新创业中发挥着重要作用。随着新型基础设施建设（简称"新基建"，主要包括 5G 基站建设、特高压、城际高速铁路和城市轨道交通等领域）成为拉动国内经济发展的新一轮驱动力，大数据中小企业面临的外部市场环境和依托的基础设施也发生了重大变化，从而影响企业规模分布。

2020 年我国大数据产业迎来新的发展机遇，产业规模日趋成熟。大数据产业主体从"硬"设施向"软"服务转变的态势将更加明显，面向金融、商务、电信、医疗等领域的大数据服务将实现倍增创新，大数据与特定场景的结合度日益深化，应用成熟度和商业化程度将持续升级。

2022 年，全球大数据技术产业与应用创新不断迈向新高度。我国在政策、人才、资金等方面持续加码，为大数据后续发展注入强劲动力。

（1）政策方面，中央、地方发布一系列支持文件，对大数据产业、数字技术、数据要素市场、数据安全等方面进行了重点部署。例如，2021 年年底，《"十四五"大数据产业发展规划》的出台明确了未来五年大数据产业发展工作的行动纲领。

（2）人才方面，过半"双一流"高校设立大数据相关专业，多省份积极开展人才培育专项行动，人才供给能力显著增强。例如，广东实施"十万"产业数字化符合性人才培训行动。

（3）资金方面，多省份和自治区通过设立专项资金或采取税收优惠政策等方式对大数据企业进行定向扶持和培育。例如，宁夏回族自治区对于区内符合标准的优质大数据企业给予最高 300 万元的资金支持。

综上所述，在来自政策、人才、资金等方面的力量推进之下，大数据产业的发展潜力绝不能小觑。

1.2.1　大数据产业发展现状与市场规模

我国大数据经过多年高速发展，不断取得重要突破，呈现良好发展态势。一是产业规模高速增长，2021 年，我国大数据产业规模增加到 1.3 万亿元，复合增长率（Compound Annual Growth Rate，CAGR）超过 30%；二是创新能力不断增强，2021 年我国发表大数据领域论文量占全球 31%，大数据相关专利受理总数占全球超 50%，均位居第一；三是生态体系持续优化，2021 年我国大数据市场主体总量超 18 万家，一批大数据龙头企业快速崛起，初步形成了大企业引领、中小企业协同、创新企业不断涌现的发展格局；四是市场前景广受认可，我国大数据领域投融资金额总体呈现上升趋势，2021 年大数据相关企业获投总金额超过 800 亿元，再创历史新高。

2022 年我国大数据产业规模达 1.57 万亿元，同比增长 18%，成为推动数字经济发展的重要力量，更逐渐成为国家重要的战略性资源。2022 年 12 月，《中共中央 国务院关于构建数据基础制度更好发挥数据要素作用的意见》发布，以数据产权、流通交易、收益分配、安全治理为重点，系统搭建了数据基础制度体系的"四梁八柱"，推动我国大数据产业加快发展和数据要素市场构建。

随着大数据逐步深入渗透到各行各业，大数据产业不断高速发展。目前全球大数据储量呈现爆炸式增长，其中，我国数据产生量增长最为迅速。据互联网数据中心（IDC）发布的《2021 年 V1 全球大数据支出指南》预计，全球大数据市场支出规模将在 2024年达到约 2983 亿美元，2020～2024 年的年均复合增长率约 10.4%。其中，我国大数据整体支出将长期呈稳步增长态势，市场总量有望在 2024 年超过 200 亿美元，与 2019 年相比增幅达 145%。同时，我国大数据市场五年 CAGR 约为 19.7%，增速领跑全球。

1.2.2　大数据产业应用领域及其应用价值

随着大数据成为国家战略以及大数据技术和商业模式逐渐成熟，大数据的应用在各行业、各领域得到了快速拓展。市场焦点从概念炒作迅速转移到实际应用，大数据进入全面发展的快车道，呈现出应用创新成为主要驱动力、融资并购成为市场热点、产业生态不断优化和基础设施建设更加合理等特点。在经济预警、舆情分析、健康医疗、农业精准管理、城市综合治理、电信运营、互联网金融、电子商务等领域已出现先导应用并在不断深化，以下将简单介绍大数据技术在金融领域、电子商务领域、交通领域和医疗卫生行业的具体应用。

1. 金融领域

大数据在金融领域的应用是非常广泛的，主要方向有智能投顾、风险管控、股市舆情监测、融资授信决策、金融市场预测。其中，智能投顾指的是在投资个人或者机构的投资偏好、收益目标以及承担的风险水平等要求的基础上，进行智能核算和投资组合优化，从而提供最符合用户需求的投资参考。人工智能技术采用多层神经网络，实时采集所有重要的经济数据指标，让智能投顾系统不断学习。智能投顾系统采用合适的资产分散投资策略，可实现大批量的不同个体定制化投顾方案，不追求短期的回报，而是以长期、稳健的回报为目标，进一步深刻践行银行长期服务客户的理念。通过智能投顾解决方案，把财富管理的服务门槛降低到可供普通家庭的人群使用的程度。

2. 电子商务领域

电子商务领域是最早将大数据用于精准营销的领域，主要方向有商品智能推荐、客户分析、以图识图、库存监测、智能分拣、商品定价。其中，商品智能推荐主要是通过构建推荐引擎来实现的，该引擎是建立在算法框架基础之上的一套完整的推荐系统，利用人工智能算法可以实现海量数据集的深度学习，分析消费者的行为，并且预测哪些产品可能会吸引消费者，从而为消费者推荐商品，有效降低消费者的选择成本。

3. 交通领域

大数据技术还可以应用在交通领域，用于改善交通拥堵等情况，主要方向是交通元素感知与标识、智能控制系统、智能调度系统、不良驾驶行为监测。其中，智能调度系统能够智能化集中协调统一管理线网，同时也能进一步提高城市管理的自动化程度，用户可通过开放数据平台访问按需服务，同时与共享汽车、单车、出租车、公交车等交通终端并网，使用户可以查询实时信息及重大事件。

4. 医疗卫生行业

近些年，大数据在医疗卫生行业也取得了重大突破，主要方向是影像识别、辅助诊断、药物研发、病例与文献分析、健康管理、基因测序。其中，病历和医学文献分析对于医疗资源的有效利用和临床科研具有重大意义，人工智能让机器"读懂"病历数据，提高临床科研效率和质量。机器学习和自然语言处理可以对多源异构的医疗数据（病案首页、检验结果、住院记录、手术记录、医嘱等）进行抓取和收集，形成结构化的医疗数据库，构建知识图谱，进而根据历史经验自动学习诊断逻辑，形成供医生使用的临床决策产品。

1.2.3　大数据市场产业链

大数据产业是以数据采集、交易、存储、加工、分析、服务为主的各类经济活动，包括数据资源建设、大数据软硬件产品的开发、销售、租赁活动和相关信息技术服务。整体来看，大数据产业链由上游、中游和下游 3 部分组成，如图 1-3 所示，上游是基础支持，中游是大数据服务，下游是大数据应用，三者相互交融，形成完整的大数据产业链。

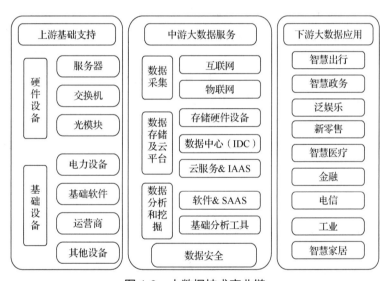

图 1-3　大数据技术产业链

1.3　大数据技术体系

大数据的出现颠覆了传统数据的一系列处理技术，如大数据获取方式的改变导致数据规模迅速膨胀，对传统的数据库系统而言，其索引、查询以及存储技术都面临着严峻的考验，而且如何快速地完成大数据的分析也是传统数据分析方法无法解决的问题。

大数据技术应用于大数据系统端到端的各个环节，包括数据接入、数据预处理、数据存储、数据处理、数据可视化、数据治理，以及安全与隐私保护等，内容介绍如下。

1.3.1 数据接入

大数据系统需要从不同的数据源（如互联网、物联网等）离线或实时的采集、传输、分发数据。为了支持多种应用和数据类型，大数据系统的数据接入过程需要基于规范化的传输协议和数据格式，以提供丰富的数据接口、并读取各种类型的数据。

1.3.2 数据预处理

预处理是大数据重点技术之一。由于采集到的数据在来源、格式、数据质量等方面可能存在较大的差异，需要对数据进行整理、清洗、转换等操作，以便支撑后续数据处理、查询、分析等进一步应用。

1.3.3 数据存储

随着大数据系统数据规模的扩大、数据处理和分析维度的提升，以及大数据应用对数据处理性能要求的不断提高，数据存储技术得到持续的发展与优化。一方面，大规模并行数据库（Massively Parallel Processing Database，MPPDB）集群实现了海量结构化数据的存储与高质量管理，并能有效支持 SQL 和联机交易处理（Online Transaction Processing，OLTP）查询。另一方面，Hadoop 分布式文件系统（Hadoop Distributed File System，HDFS）实现了对海量半结构化和非结构化数据的存储，进一步支持内容检索、深度挖掘、综合分析等大数据分析应用。同时，数据规模的快速增长，也使得分布式存储成为主流的存储方式，通过充分利用分布式存储设备的资源，能够显著提升容量和读写性能，具备较高的扩展性。

1.3.4 数据处理

不同大数据应用对数据处理需求各异，产生了离线处理、实时处理、交互查询、实时检索等不同的数据处理方法，数据处理方法说明如表 1-1 所示。

表 1-1　数据处理方法说明

方法	说明
离线处理	离线处理通常是指对海量数据进行批量的处理和分析，对处理操作的实时性要求不高，但数据量巨大、占用计算及存储资源较多
实时处理	实时处理指对实时数据源（如流数据）进行快速分析，对分析处理操作的实时性要求高，单位时间处理的数据量大，对 CPU 和内存的要求很高
交互查询	交互查询是指对数据进行交互式的分析和查询，对查询操作响应时间要求较高，对查询语言支持要求高
实时检索	实时检索指对实时写入的数据进行动态的查询，对查询操作响应时间要求较高，并且通常需要支持高并发查询

近年来，为满足不同数据分析场景在性能、数据规模、并发性等方面的要求，流计算、内存计算、图计算等数据处理技术不断发展。同时，人工智能的快速发展使得机器学习算法更多地融入数据处理、分析过程，进一步提升了数据处理结果的精准度、智能化和分析效率。

1.3.5 数据可视化

数据可视化是大数据技术在各行业应用中的关键环节。其直观反映出数据各维度指标的变化趋势，用以支撑用户分析、监控和数据价值挖掘。数据可视化技术还可使用户借助图表、2D/3D 视图等多种方式自定义配置可视化界面，实现对各类数据源进行面向不同应用要求的分析。

1.3.6 数据治理

数据治理涉及数据全生存周期端到端过程，不仅与技术紧密相关，还与政策、法规、标准、流程等密切关联。从技术角度来看，大数据治理涉及元数据管理、数据标准管理、数据质量管理、数据安全管理等多方面技术。当前，数据资源分散、数据流通困难（模型不统一、接口难对接）、应用系统孤立等问题已经成为企业数字化转型的极大挑战。大数据系统需要通过提供集成化的数据治理能力，实现统一数据资产管理及数据资源规划。

1.3.7 安全与隐私保护

大数据系统的安全与系统的各个组件、系统工作的各个环节相关，需要从数据安全（例如，备份容灾、数据加密）、应用安全（例如，身份鉴别和认证）、设备安全（例如，网络安全、主机安全）等方面全面保障系统的运行安全。同时随着数据应用的不断深入，数据隐私保护（包括个人隐私保护、企业商业秘密保护、国家机密保护）也已成为大数据技术重点研究方向之一。

1.4 大数据相关岗位需求

近年来，随着大数据技术的不断发展，相关就业岗位的数量和种类也不断地增加。大数据技术发展初期，受欢迎的岗位是大数据算法开发工程师。同时大数据技术的发展带动了大数据配套产业的发展，相关的就业岗位也增加了，逐渐从大数据平台开发向着大数据应用领域开发扩展，极大地增加了就业机会，拓宽了就业面。

根据大数据技术体系以及对人才的需求，大数据主要岗位和职责如表 1-2 所示。

表 1-2　大数据主要岗位和职责

方向	岗位	岗位职责
数据预处理	数据采集工程师	负责大数据采集方案设计与开发，实现基于系统集成、日志、网络爬虫等的数据采集
	数据清洗工程师	负责发现和处理数据异常，制定确保数据质量的流程和制度
	数据存储工程师	负责设计和开发大数据存储系统，解决存储性能优化、容量规划
数据分析	数据挖掘工程师	负责利用算法从大量数据中搜索隐藏于其中的信息，提高大数据利用效率
	数据分析工程师	负责数据统计分析、深度挖掘分析与业务预测，并形成分析报告
	数据可视化工程师	负责开发数据可视化产品、输出数据可视化图表和报告
数据管理	数据治理工程师	负责制定大数据战略、组织结构、规章制度
	数据管理工程师	负责大数据全生命周期管理
数据安全	数据安全架构工程师	负责制定大数据安全体系顶层规划与设计，设计组织架构和安全管理体系
	数据安全评估工程师	负责分析、评估大数据中存在的威胁、漏洞及风险，并提出改进措施
	数据安全运维工程师	负责大数据安全巡检、安全加固、脆弱性检查、渗透性测试应急保障

小结

经过三次信息化浪潮，人类社会进入了大数据时代。在信息爆炸的时代里，传统的数据管理和分析技术已经无法满足大数据存储与分析的需求，因此产生了大数据的存储技术，可对非结构化数据进行存储、管理；也产生了数据的分析和挖掘技术，可在海量的数据中找到隐含的逻辑关系。在大数据时代里，需要新的技术、新的思维方式，相关的软件和硬件也都要更新。与大数据相关的产业蓬勃发展，新的就业岗位也应运而生，如何使用大数据新技术和面对新改变是本书所研究的内容。

课后习题

1. 单选题

（1）下列选项中（　　）不属于大数据 5V 特性。

    A. Volume 数据量   B. Velocity 速度

    C. Veracity 真实性   D. Valence 评价值

（2）信息化发展的 3 个阶段不包括（　　　）。

    A．计算机的普及　　　　　　　B．互联网的普及

    C．人工智能的发展　　　　　　D．大数据技术的发展

（3）下列关于大数据特点的说法中，错误的是（　　　）。

    A．数据规模大　　　　　　　　B．数据类型多样

    C．数据处理速度快　　　　　　D．数据价值密度高

（4）大数据最显著的特征是（　　　）。

    A．数据规模大　　　　　　　　B．数据类型多样

    C．数据处理速度快　　　　　　D．数据价值密度低

（5）下列有关大数据思维描述正确的是（　　　）。

    A．大数据思维是一种思维模式

    B．都可以通过因果关系来描述问题

    C．数据要求完全精确、没有脏数据

    D．在对数据进行分析时，不能使用大数据思维

（6）大数据市场产业链的产业结构不包括（　　　）。

    A．基础支持　　　B．大数据服务　　　C．大数据应用　　　D．数据机构

（7）有关大数据技术体系说法错误的是（　　　）。

    A．大数据技术应用于大数据系统端到端的各个环节

    B．大数据系统的数据接入需要基于规范化的传输协议和数据格式

    C．个人隐私不需要保护

    D．数据治理涉及数据全生存周期端到端的过程

（8）大数据的概念是在（　　　）提出的。

    A．19 世纪末期　　B．20 世纪初期　　C．20 世纪 80 年代　　D．21 世纪初

（9）大数据最早应用于（　　　）领域。

    A．电信　　　　　B．金融　　　　　C．公共管理　　　　D．电子商务

（10）下列不属于数据处理的方法的是（　　　）。

    A．离线处理　　　B．实时处理　　　C．图处理　　　　D．主机计算

2．多选题

（1）下列选项中，三次信息化浪潮带来的技术进步是（　　　）。

    A．计算机的普及　　　　　　　B．网络的发明和应用

    C．大数据技术的普及　　　　　D．无线通信技术的发展

（2）下列选项中（　　　）是大数据的特点。

    A．数据量大　　　　　　　　　B．数据种类多

    C．数据价值密度高　　　　　　D．数据准确性高

（3）大数据市场的产业链包含（　　　）。

    A．数据采集　　　B．数据的存储　　　C．数据安全　　　　D．数据分析和挖掘

（4）下列（　　）产业是大数据技术的应用领域。

    A. 金融领域   B. 电子商务领域

    C. 交通领域   D. 医疗领域

（5）大数据的技术体系包含（　　）。

    A. 数据接入   B. 数据存储   C. 数据处理   D. 数据可视化

（6）下列（　　）是和大数据相关的岗位。

    A. 数据分析工程师   B. 数据存储工程师

    C. 数据治理工程师   D. 数据安全运维工程师

（7）当前大数据产业发展的特点是（　　）。

    A. 产业规模低速增长

    B. 产业规模高速增长

    C. 生态系统持续优化

    D. 市场前景不受认可

（8）数据的结构类型可分为（　　）。

    A. 结构化数据   B. 半结构化数据

    C. 非结构化数据   D. 数据结构化

（9）高质量的数据特征有（　　）。

    A. 分类清晰   B. 数据真实   C. 易于管理   D. 可信度低

（10）大数据治理的技术包括（　　）。

    A. 元数据管理   B. 数据标准管理

    C. 数据质量管理   D. 数据安全管理

3. 简答题

（1）请简述三次信息化浪潮带来了哪些技术革命。

（2）请简述大数据的五大特点。

第 2 章 大数据采集

数字化政务、企业和社会的数字化服务，离不开大数据资源的支持。随着社会不断发展和信息时代的到来，人类产生数据的形式越来越多样，产生的数据量也呈爆炸式增长。大数据是一座金矿、一种资源，资源必须经过采集、清洗、处理、分析、可视化等加工处理流程，才能真正产生价值。因此，大数据的价值取决于数据的挖掘处理程度。大数据的价值不完全在"大"，而在"有用"，数据采集是整个挖掘处理流程中具有关键意义的第一道环节。通过数据采集，可以获取传感器数据、互联网数据、系统日志数据等，为后续的数据分析提供基本条件。在过程中也需要注意，大数据采集应遵守《中华人民共和国个人信息保护法》《中华人民共和国数据安全法》等法律法规，只有在法律法规允许的范围内，大数据采集才能持续健康地发展。

本章将通过"在线旅行社的用户访问行为数据采集"实例引入大数据采集内容，介绍大数据采集的概念和数据来源，并将重点介绍大数据采集的技术和主流的大数据采集框架。

学习目标

（1）了解大数据采集的概念和数据来源。
（2）了解传统数据采集与大数据采集的区分与联系。
（3）了解大数据采集的技术。
（4）熟悉大数据采集方法以及采集数据的流程。

素养目标

（1）通过学习大数据采集流程，培养信息收集的职业技能。
（2）通过学习大数据采集技术，培养学以致用的精神。
（3）通过学习大数据采集框架 Sqoop，培养不断改进、精益求精的工匠精神。

2.1 实例引入：在线旅行社的用户访问行为数据采集

近年来，伴随着国内经济的持续增长，居民的消费水平逐渐提升，我国旅游市场也持续升温，旅游成为我国居民日常生活的选择。随着大数据应用的普及，新时代赋予了大数据更重要的社会责任。例如，在线旅行社为了把握旅游产业发展趋势，通过对用户访问行为数据的采集，研判增长趋势、个性化及品质型消费的发展以及旅游消费新热点的转化等。

我们通过梳理在线旅行社的用户访问行为数据来源，对特定用户行为或事件设定埋点，根据运营定义好的埋点接口形式采集用户的访问日志数据。

2.1.1 用户访问行为数据分析的价值

用户访问行为数据分析的指标主要包括页面访问量、独立访客数、跳出率、访问深度、停留时长等。总的来说，这些都属于统计指标，反映的是用户访问页面的总体情况。但是数据的价值除了反映现状，更重要的是应用。统计是数据汇总整理的结果，分析是促进业务增长的依据，因此可以利用从用户访问行为数据分析出的价值来指导业务活动。

1. 什么是用户行为分析

数字改变生活，数字创造未来。以电子商务（以下简称"电商"）、直播经济为代表的互联网经济推动了我国上网人数的不断增加。基于用户在互联网产品上的行为和行为发生的时间频次等业务价值，深度还原用户使用场景并指导业务增长，是用户行为分析的内涵。具体而言，用户行为分析可以对用户画像进行关键补充，通过用户行为分析，构建更精细、完整的用户画像。

2. 用户行为分析在应用中的价值

用户行为分析是指导业务活动的重要依据，用户行为分析在应用中的表现如下。

（1）自定义留存分析

通常只要打开 App，用户就会被认定为当日活跃用户，新增用户连续两日启动一次 App 就被认定为留存用户。基于用户行为可以进行精细化留存评估，同时，也可根据产品特性自定义用户留存标准。例如，一个阅读类产品，可将用户打开 App 后浏览一篇文章作为评定标准，那么当日浏览了至少一篇文章的用户便可算作当日的活跃用户。

留存率是反映一款产品健康度的指标。运营好坏、产品功能设计如何，都可以通过留存率衡量。此外，结合产品业务基础，留存数据的价值和意义更加突出，能够更精细地展现产品健康状况。

（2）精细化渠道质量评估

在流量时代，质量评估主要依据访问人数和注册人数展开。如今，产品推广渠道在增多，产品越来越垂直化，加上同质化竞争，直接导致获客成本变高。无论从市场推广人员的角度，还是企业角度，除了评估流量，更需要基于用户行为并且结合业务评估质量。例如，一款理财产品，针对不同渠道用户，需要查看各项活动参与度，评估投资成功人数和附带的邀请行为数量，并比较各个渠道的留存率。

（3）产品分析

在产品分析价值的实现方式中，用户行为分析是非常重要的一环。通过深入理解用户的行为，产品团队可以更好地优化产品设计、改进功能，以及制定有针对性的运营策略。用户行为分析在产品分析中的主要价值如表 2-1 所示。

表 2-1 用户行为分析在产品分析中的主要价值

价值体现	说明
优化用户体验	通过分析用户的行为路径、使用习惯和反馈，产品团队可以找出潜在的问题和痛点，从而有针对性地优化产品设计，提升用户体验
精细化运营	用户行为分析可以帮助产品团队了解不同用户群体的特点和需求，根据不同群体的行为特征精细化运营，提高运营效果
指导产品迭代方向	通过用户行为分析，产品团队可以清楚地了解用户对产品的满意度、核心功能的使用情况等，从而得出产品迭代的优先级和方向，使得产品的更新更加符合用户的需求和市场的发展
预测用户需求	通过对用户行为数据的深入挖掘，产品团队可以预测用户未来的需求，提前做好功能储备和优化，提升产品的竞争力和市场占有率
发现增长机会	通过对比不同用户群体的行为模式和转化率，产品团队可以发现新的增长机会，例如哪些功能或服务对用户的吸引力不足，哪些运营活动可以带来更多的收益等，从而制定更加有效的增长策略

（4）精准营销

精准营销是一种基于用户属性和行为分析的营销策略，通过对用户的点击、搜索、关注以及购买等行为进行分析，推断用户的兴趣、偏好和关注点，帮助企业进行用户分群和用户分层，再根据不同群体的特点和需求提供个性化的营销活动，提升营销效果和用户满意度，实现精准营销。

除了自定义留存分析、精细化渠道质量评估、产品分析、精准营销这 4 点，用户行为分析还在许多行业细分场景中具有很高的应用价值，包括金融风控、自动驾驶、智能家居等。

2.1.2 用户访问行为数据采集方案的设计

用户访问行为数据采集方案主要围绕用户访问行为分析指标、用户访问行为数据采集两个方面设计，其中用户访问行为数据采集可包括选择埋点方式、埋点协作流程、数据采集过程。

1. 用户访问行为分析指标

用户访问行为分析主要关心的指标可以概括为哪个用户、在什么时候、做了什么操作、在哪里做了什么操作、为什么要做该操作、通过什么方式、用了多长时间等问题。如果用英文标识，也就是 WHO、WHEN、WHAT、WHERE、WHY、HOW 和 HOW LONG（简称 5 个"W"和 2 个"H"），指标说明和示例如表 2-2 所示，5 个"W"和 2 个"H"都是要获取的数据，获取到相关数据才能接着分析用户的行为。

表 2-2　指标说明和示例

指标	指标说明	示例
WHO	获取登录用户的个人信息	用户名称、角色
WHEN	获取用户访问页面每个模块的时间	开始时间、结束时间
WHAT	获取用户登录页面后的具体操作	单击页面行为，单击模块行为
WHERE	确定用户访问页面的具体网址和链接情况	页面 URL
WHY	分析用户单击该模块的目的	用户单击意图
HOW	用户通过什么方式访问的系统	Web、App、小程序
HOW LONG	用户访问某个模块、浏览某个页面的时间长度	时间（小时、分钟、秒）

2. 用户访问行为数据采集

用户访问行为数据采集过程围绕 5 个"W"和 2 个"H"指标要求，一般包括选择埋点方式、埋点协作、数据采集等步骤。

（1）选择埋点方式

"埋点"是数据采集领域（尤其是用户行为数据采集领域）的术语，指的是针对特定用户行为或事件进行捕获、处理和发送的相关技术及其实施过程。埋点一般分为全埋点和代码埋点，两者各有优缺点，主要介绍如下。

① 全埋点。全埋点是前端的一种埋点方式，在产品中调用软件开发工具包（Software Development Kit，SDK），通过界面配置的方式对关键的行为进行定义，完成埋点采集。全埋点的优点是由于所有点位的埋点信息一样，所以产品开发人员不需要编写埋点文档，也不需要和开发者过多沟通，只需要告诉开发者哪些点位需要埋点即可。在前端组件化前提下，所有控件都有调用 SDK 的功能，可选择不立刻将数据上传到日志库，等需要的时候再选择哪些点位的数据应上报到日志库。缺点是只能满足部分统计需求，开发者无法介入增加额外的自定义参数，通用型的属性较少；同时会造成数据冗余（由于所有点位均上报了 SDK 内置的属性，有些点位上不需要的参数也会上报），增加了带宽成本和存储成本。

② 代码埋点。代码埋点是经常使用的埋点方式。代码埋点分为前端代码埋点和后端代码埋点。前端埋点类似于全埋点，需要调用前端埋点 SDK。后端埋点则将事件、属性通过后端程序调用后端埋点 SDK 发送到后台服务器。

事件、属性是元数据管理系统中元数据的组成部分。一般是先定义事件、属性，后定义埋点的方式。埋点是数据采集的源头，如果在埋点过程中出现问题，分析结果也就丧失了意义。例如，运营产品未定义便已经埋点上线；运营产品和埋点开发的需求文档有问题、沟通有问题或开发未按照规范进行，导致事件或属性字段对不上、缺失或格式存在问题；漏埋点、埋点不全或埋点逻辑有问题出现的重复埋点造成的数据重复；属性数据对不上；无数据定义、运营人员的理解与开发需求以及开发的理解可能不对应；数据不对等。

（2）埋点协作

业务拆解需求方、数据规划师和开发团队相互协作的埋点协作流程如图 2-1 所示。

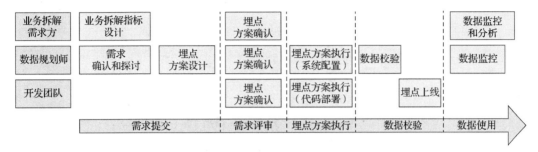

图 2-1　埋点协作流程图

埋点协作流程说明如表 2-3 所示。

表 2-3　埋点协作流程说明

埋点协作流程	说明
需求提交	业务拆解需求方进行业务拆解指标设计，与数据规划师沟通，经过需求确认和探讨后，确认合理的埋点，完成埋点方案设计
需求评审	三方探讨技术实现成本，确认埋点方案
埋点方案执行	开发团队和数据规划师落实埋点方案，其中数据规划师负责埋点方案执行的系统配置，开发团队负责埋点方案执行的代码部署，并相互沟通埋点落实情况，呈现数据
数据校验	数据规划师进行数据校验，检查埋点时机和指标是否正确、过程是否完整，开发团队负责埋点上线
数据使用	业务拆解需求方和数据规划师进行数据监控，同时业务拆解需求方需负责数据分析

（3）数据采集过程

根据运营定义好的埋点接口形式，获取用户访问日志数据前，一定要将后端和前端数据的保存格式定义好，包括字段内容、封装格式等，以便于存储分析。实时的埋点数据采集一般有如下两种方法。

① 直接将触发的日志发送到指定的 HTTP 端口，并写入 Kafka，然后由 Flume 消费 Kafka 内消息，并存入 HDFS。Kafka 是一种高吞吐量、持久性、分布式的发布订阅的消息队列系统，用于处理网站中的所有动作流数据。Flume 是一个高可用、高可靠、分布式的海量日志采集、聚合和传输系统，用于收集数据，支持在日志系统中定制各类数据发送。

② 在对应的主机上部署 Flume Agent，采集日志目录下的文件，发送到 Kafka，然后在云端部署 Flume，消费 Kafka 数据，并存入 HDFS 中。

Flume 采集系统的搭建相对简单，只需要两步：一是在服务器上部署 Agent 节点，修改配置文件；二是启动 Agent 节点，将采集到的数据汇聚到指定的 HDFS 目录中。

用户行为数据采集的流程如图 2-2 所示。

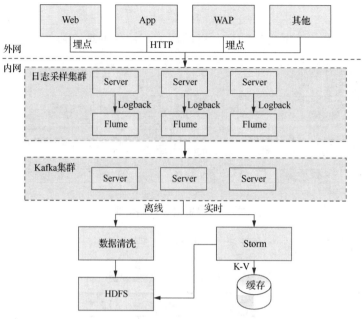

图 2-2　用户行为数据采集的流程图

用户行为数据采集流程主要分为如下 6 个具体步骤。

① Web、WAP 通过埋点实时发送用户行为数据至后端 Server，App 直接调用 HTTP 应用程序接口，通过请求将信息与数据传递给 Server。Server 通过 Logback 直接输出日志文件。

② Flume 通过 tail 命令监控日志文件变化。

③ Flume 通过生产者消费者模式将 tail 采集的日志推送至 Kafka 集群。

④ Kafka 根据服务分配主题，一个主题可以分配多个组，一个组可以分配多个分区。

⑤ Storm 实时监听 Kafka，流式处理日志内容，根据特定业务规则，将键值对（Key-Value，K-V）数据实时存储至缓存，同时根据需要写入 HDFS。

⑥ Kafka 集群采集到的离线数据在数据清洗后直接写入 HDFS。

2.2　大数据采集技术

根据不同的应用环境及采集对象，大数据采集技术可分为基于数据仓库的数据批量采集方法、系统日志采集方法、网络数据实时采集等。对于企业生产经营数据或学科研究数据等对保密性要求较高的数据，可以通过授权或与企业、研究机构合作的方式，使用特定系统接口等采集数据。在介绍大数据采集技术之前，还需了解大数据采集、大数据采集的数据来源。

2.2.1　了解大数据采集

大数据采集处于大数据生命周期中第一个环节，是大数据分析至关重要的一个步骤，也是大数据分析的入口。本小节将介绍传统的数据采集、大数据采集的定义及其与传统数据采集的区别。

1. 传统的数据采集

传统的数据采集包括数据收集和数据录入两个主要步骤，其中主要通过数据收集进行数据的采集。数据收集一般采取人工方法实现，其 4 种常见方式为问卷调查、查阅资料、实地考察、实验，几种方法各有各的优势和缺点，如表 2-4 所示。

表 2-4 传统的数据采集方式

方式	说明
问卷调查	问卷调查是指制定详细周密的问卷，要求被调查者据此进行回答以收集数据的方法。 问卷调查是数据收集最常用的一种方式，操作方便，缺点是数据没有针对性，无法得到深层次的数据。人工方式推广时间比较慢，很耗人力，网上问卷通过自动化实现了过程集成，更方便快速
查阅资料	查阅资料是最古老的数据收集的方式，通过查阅书籍、记录等资料来得到想要的数据。 查阅资料本来就有筛选性和分析性，所得到的数据可能更接近想要得到的结果。查阅资料的缺点是对操作者要求较高，并且现在的资料烦琐、真假参半，需要操作者有很强的判断力。目前，网络查询非常方便，给查阅资料提供了很好的环境
实地考察	实地考察是为了深入了解特定地点的研究行为，旨在揭示事物的真相、发展过程和现状。通过直接观察和详细了解局部情况，实地考察提供了直观的数据支持。 在考察过程中，要随时对自己观察到的现象进行分析，努力把握考察对象特点。实地考察的优点是可以得到第一手资料，缺点是比较耗时耗力，需要考察人员之间相互配合，因为考察过程中变数很大，可能没有办法达到目标
实验	根据科学研究的目的，尽可能地排除外界的影响，突出主要因素并利用一些专门的仪器设备，人为地变革、控制或模拟研究对象，使某一些事物（或过程）发生或再现，从而去认识自然现象、自然性质、自然规律。 实验是 4 种方法中最耗时间的一种。缺点是未知性很大，不管是实验周期还是实验结果都是不确定的

数据收集好后即可录入系统中，有以下几种录入方式。

（1）通过使用系统录入页面将已有的数据录入系统中。

（2）针对已有的批量的结构化数据开发导入工具，将其导入系统中。

（3）通过应用程序编程接口（Application Programming Interface，API）将其他系统中的数据导入到本系统中。

（4）针对互联网数据，通过搜索引擎，有目标性地下载数据，然后导入系统中。

（5）通过各类传感器等外部硬件设备与系统通信，将传感器监测数据传至系统中。

2. 大数据采集

数据采集（Data Acquisition，DAQ），又称数据获取，是指从传感器和其他待测设备等模拟的和数字的被测单元中自动采集信息的过程。在新一代数据体系中，将传统数据体系中没有考虑过的新数据源进行归纳与分类，可分为互联网系统中的线上行为数据（如页面数据）、机器系统中的内容数据（如应用日志）和企业系统中的业务数据（如产销数据）三大类。

大数据采集是在数据采集的基础上，针对新、旧数据源（特别是针对新数据源），利用相应的方法自动采集信息的过程。

3. 大数据采集与传统数据采集的区别

大数据采集与传统数据采集的区别在于采集对象、采集数据量、采集的数据结构、采集的效率 4 个方面，区别说明如表 2-5 所示。

表 2-5　大数据采集与传统数据采集的区别

方面	说明
采集对象	大数据采集的数据对象包括射频识别（Radio-Frequency Identification，RFID）数据、传感器数据、用户行为数据、社交网络交互数据及移动互联网数据等各种类型的结构化、半结构化和非结构化的海量数据。 而传统数据采集的数据对象单一，包括从传统企业的客户关系管理系统、企业资源计划系统及相关业务系统中获取数据
采集数据量	尽管企业系统的数据量与日俱增，但其仍属于传统数据采集的范畴。不过系统日志除外，原因是系统日志的增长趋势大，极容易形成大规模数据。 互联网系统和机器系统产生的数据要远远大于企业系统的数据量，而针对互联网和机器系统的数据采集已经达到大数据规模，数量级达 PB 级
采集的数据结构	传统数据采集的数据大部分是结构化的数据，而大数据采集系统不仅能采集结构化的数据，还能采集大量的视频、音频、照片等非结构化数据，以及网页、博客、日志等半结构化数据
采集的效率	传统数据采集的数据几乎都是人为操作生成的，远远低于大数据采集时系统自动化采集数据的效率

总的来说，大数据采集在很多方面是对传统数据采集的扩展和升级，数据的来源更广泛、采集的数据量更大、数据结构更丰富、采集效率也更高。此外，需要注意，在采集过程中，必须要保证采集的方法和数据都符合法律法规要求，只有这样采集的数据才能做后续的数据分析，从而产生价值。

2.2.2　大数据采集的数据来源

根据数据的来源可以将数据划分为不同种类。在大数据体系中，将传统数据分类为业务数据和行业数据，而将传统数据体系中没有考虑过的新数据源分为线下行为数据、线上行为数据和内容数据三大类。在大数据体系中，数据种类和示例如表 2-6 所示。

表 2-6 数据种类和示例

数据种类	示例
业务数据	消费者数据、客户关系数据、库存数据、账目数据等
行业数据	车流量数据、能耗数据、PM2.5 数据等
线下行为数据	车辆位置和轨迹、用户位置和轨迹、动物位置和轨迹等
线上行为数据	页面数据、交互数据、表单数据、会话数据、反馈数据等
内容数据	应用日志、电子文档、语音数据、社交媒体数据等

此外，根据数据的来源系统，大数据采集的数据主要来源包括企业系统、机器系统、互联网系统等，如表 2-7 所示。

表 2-7 数据来源系统和示例

系统	示例
企业系统	企业在运营时产生的数据、企业与其他企业合作时获得的数据等
机器系统	交通流量仪获取的车流量数据、智能电表获取的用电量、智能交通监控摄像机自动识别的人和交通工具的属性和轨迹信息、野生动物监控摄像头获知的动物活动轨迹信息
互联网系统	用户的反馈信息、评价信息、购买的产品信息、品牌信息、视频与照片等

2.2.3 基于数据仓库的数据批量采集

数据从业务端产生到分析或反哺业务使用，需要经过一系列的清洗、处理过程。而清洗、处理过程带来的时间窗口大小，就是数据的时效性。按照数据延迟的大小，可以将数据分为离线数据和实时数据（近实时数据）。离线数据一般是指在 $T-1$ 日期内的数据，有人也称之为 $T+1$ 日期内的数据，此时数据视为 T 日期的数据，本质上是指所处理的数据是截至昨天的数据。实时数据指的是产生的瞬间就被传输、处理或交付的数据。在实时性数据仓库中，数据延迟只有不到 1s 的时间，尽管是异步的但表现出了类似同步行为的数据，可视为近实时数据。数据仓库（Data Warehouse）是数据批量采集的主要形式，是一个用于存储、分析、报告的数据系统，目的是构建面向分析的集成化数据环境，为企业提供决策支持。数据仓库具有数据批量采集的特点，本身并不"生产"任何数据，其数据采自外部系统；同时数据仓库自身也不需要"消费"任何的数据，其结果开放给各个外部应用使用。

1. 传统数据仓库的体系架构

一个典型的数据仓库系统，通常包括数据源、数据存储和管理、联机分析处理（Online Analytical Processing，OLAP）服务器、前端工具和应用 4 个部分，如表 2-8 所示。

表 2-8　传统数据仓库体系架构说明

架构组成	说明
数据源	数据源是数据仓库的基础，即系统的数据来源，通常包含企业的各种外部数据和包括订单系统、商家系统、客户系统、客服系统等联机事务处理（Online Transaction Processing，OLTP）系统的数据以及文档资料的内部数据
数据存储和管理	数据存储和管理是整个数据仓库的核心，是指在现有各业务系统的基础上，周期性地对数据进行抽取、转换、加载（Extract Tranform Load，ETL），按照主题进行重新组织，最终确定数据仓库的物理存储结构，将数据存储在数据仓库管理系统中，并在面向如销售、财务、市场等单一主题域时，建立各类数据集。数据仓库管理系统的检测与运维由数据仓库检测、运行与维护工具负责。元数据是描述数据仓库内数据的结构和建立方法的数据，由元数据管理系统负责管理
OLAP 服务器	OLAP 服务器将需要分析的数据按照多维数据模型进行重组，以服务的形式支持用户随时多角度、多层次分析数据，面向前端工具和应用
前端工具和应用	前端工具和应用主要包括数据查询工具、自由报表工具、数据分析工具、数据挖掘工具和各类应用系统等

2. 实时主动数据仓库

实时主动数据仓库是一个集成的信息存储仓库，既具备批量和周期性的数据加载能力，也具备数据变化的实时探测、传播和加载能力，并能结合历史数据和实时数据实现查询分析和自动规则触发，从而提供对战略决策和战术决策的双重支持。实时主动数据仓库体系架构如图 2-3 所示。

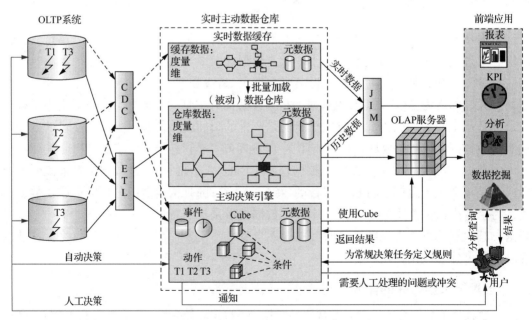

图 2-3　实时主动数据仓库体系架构

在数据仓库中，数据批量采集的方式包括数据整合、数据联邦、数据传播和数据混合 4 种，如表 2-9 所示。

表 2-9　数据批量采集的方法说明

方法	说明
数据整合	利用数据仓库技术的 ETL 工具将数据源中的数据批量地加载到数据仓库
数据联邦	在多个数据源的基础上建立统一的逻辑视图，对应用而言，只有一个数据访问入口，但在物理上被请求的数据仍然分布在各个数据源中
数据传播	指数据在多个应用之间传播，不同应用之间可以通过传播消息交互
数据混合	区分数据使用范围，对于公用数据采取数据整合的方式进行采集，对于特定应用数据采取数据联邦方式进行采集

2.2.4　系统日志数据采集

很多互联网企业会有一些特定的大数据采集工具，多用于系统日志采集，如 Hadoop 的 Chukwa、Cloudera 的 Flume、Facebook 的 Scribe 等。采集工具都采用分布式架构，能满足每秒数百兆字节的日志数据的采集和传输需求。

1. 系统日志的概念

许多公司的系统平台每天都会产生大量的日志，日志的处理需要特定的日志系统，其特征如下。

（1）具有较强的关联解耦效能。通过构建应用系统和分析系统的桥梁，将两种系统之间的关联解耦。

（2）支持数据分析。支持近实时的在线分析系统和分布式并发的离线分析系统。

（3）具有高可扩展性。当数据量增加时，可以通过增加节点进行水平扩展。

系统日志采集主要包括浏览器日志采集和无线客户端日志采集等，浏览器日志采集包括页面浏览日志采集和页面交互日志采集。

2. 页面浏览日志采集

页面浏览日志采集指对一个页面被加载呈现时产生的日志进行采集。此类日志是最基础的互联网日志，也是当前所有互联网产品的两大基本指标——页面浏览量（Page View，PV）和独立访客（Unique Visitor，UV）的统计基础。页面浏览日志采集在日志采集中是目前成熟度和完备度最高的任务。针对页面浏览过程，对具体日志采集过程进行如下分析。

浏览器和服务器之间通信遵守超文本传输协议（Hyper Text Transfer Protocol，HTTP），浏览器发起的请求称为 HTTP 请求（Request），服务器的返回称为 HTTP 响应（Response）。以访问某网站为例，一次典型的互联网页面请求—响应过程如图 2-4 所示。

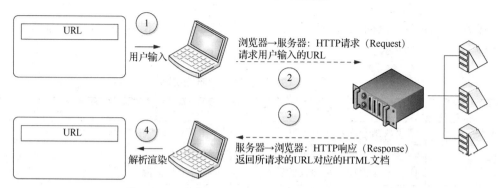

图 2-4 一次典型的互联网页面请求—响应过程

页面访问过程包括浏览器请求、服务器响应并返回请求的内容，具体可分为如下几部分。

（1）用户输入网址（URL）。

（2）浏览器向服务器发起 HTTP 请求（Request），请求用户输入的 URL。

（3）服务器接收浏览器的请求，做出 HTTP 响应（Response），返回所请求的 URL 对应的 HTML 文档。

（4）浏览器按照 HTML 文档规范解析渲染 HTML 文档展现给用户，从而完成一次请求。

在请求—响应过程中，页面浏览日志采集就是在 HTML 文档的适当位置添加一个日志采集节点。当浏览器解析到该节点时，将触发一个特定的 HTTP 请求到日志采集服务器。当日志采集服务器接收到该请求时，即可确定浏览器已成功接收和打开了页面。

日志采集节点不能放在页面浏览过程的前两步中，只能放在浏览器开始解析 HTML 文档中，因为只有浏览器开始解析 HTML 文档时，才能确保用户已打开页面。以访问某网站为例，网页浏览日志采集的过程如图 2-5 所示。

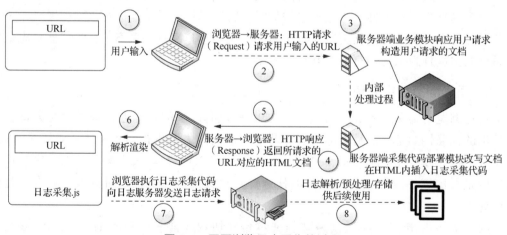

图 2-5 网页浏览日志采集的过程

网页浏览日志采集是与网页浏览过程融合在一起的，具体过程如下。

（1）用户输入网址（URL）。

（2）浏览器向服务器发起 HTTP 请求（Request），请求用户输入的 URL。

（3）服务器端业务模块响应用户请求，构造所请求的 URL 对应的 HTML 文档。

（4）服务器端采集代码部署模块改写文档。在 HTML 文档内植入日志采集脚本的动作可以由业务服务器在响应业务请求时动态执行，也可以在开发页面时由开发人员手动植入，完成网页浏览日志采集准备。

（5）服务器向浏览器做出 HTTP 响应（Response），返回所请求的 URL 对应的 HTML 文档。

（6）浏览器按照 HTML 文档规范解析渲染 HTML 文档并展现给用户，从而完成一次请求，执行浏览器日志采集。

（7）浏览器执行日志采集代码时，会向日志服务器发起一个日志请求，将采集到的数据发送到日志服务器，完成浏览器日志发送。

（8）日志服务器接收到日志请求后，一般会立即向浏览器返回一个请求成功的响应。同时将日志内容写入一个缓冲区。缓冲区的日志内容会被一个日志处理程序读取并解析，然后经预处理后存储为标准的日志文件，供后续使用，实现服务器端日志采集与解析存档。

3. 页面交互日志采集

页面浏览量日志的采集解决了页面流量和流量来源统计的问题，但随着互联网业务的发展，仅了解用户到访过的页面和访问路径，已经远远不能满足用户细分研究的需求。在很多场合下，需要了解用户在访问某个页面时具体的互动行为特征，如鼠标或输入焦点的移动变化（代表用户关注内容的变化）、对某些页面交互的反应（可借此判断用户是否对某些页面元素产生困惑）等。页面浏览量日志采集可得到用户访问过的页面和访问路径，但由于用户在页面进行交互往往不会触发浏览器加载新页面，所以无法通过常规的日志采集方法采集更多数据，此时便可通过页面交互日志采集进行用户细分研究。

因为终端类型、页面内容、交互方式和用户实际行为千变万化，页面交互日志的采集和网页浏览日志的采集不同，无法规定统一的采集内容，所以呈现出高度自定义的业务特征。与之相适应，在具体日志采集实践中，页面交互日志的采集是以技术服务的形式呈现的。具体而言，页面交互日志的采集是一个开放的基于 HTTP 的日志服务。需要采集页面交互日志的业务，经过如下步骤即可将自助采集的页面交互日志发送到日志服务器（下文将"负责采集页面交互日志的业务部门或团队简称为"业务方"）。

（1）业务方在元数据管理界面依次注册需要采集页面交互日志的业务、具体的业务场景以及场景下的具体交互采集点，在注册完成之后，系统将生成与之对应的页面交互日志采集代码模板。

（2）业务方将页面交互日志采集代码植入目标页面，并将采集代码与需监测的交互行为绑定。

（3）当用户在页面上产生指定行为时，采集代码和正常的业务互动代码一起被触发和执行。

（4）在采集动作完成后，采集代码将对应的日志通过 HTTP 发送到日志服务器。日志服务器接收到日志后，对于保存在 HTTP 请求参数部分的自定义数据（即用户上传的数据），原则上不做解析处理，只做简单的转储。

（5）经过上述步骤采集到日志服务器的业务随后可被业务方按需自行解析处理，并可与正常的页面浏览量日志做关联运算。

4. 无线客户端的日志采集

无线客户端的日志采集采用"采集 SDK"来完成。移动端的日志采集根据不同的用户行为分成不同的事件，"事件"为无线客户端日志行为的最小单位，SDK 将事件分成了几类，主要包括页面事件（同页面浏览）、控件单击事件（同页面交互）等。

（1）页面事件

每条页面事件日志包含设备及用户的基本信息、被访问页面的信息（主要是业务参数，如商品详情页的商品 ID、所属店铺等）、访问基本路径（如页面来源等）3 类信息。基于设备及用户的基本信息、被访问页面的信息、访问基本路径，可还原用户完整的访问行为。UserTrack（UT）是 App 端（无线客户端）日志采集技术方案，提供了页面事件的无痕埋点，还提供了 3 个接口，即页面展现、页面退出和添加页面扩展信息的接口。

下面以进入手机某购物 App 的某店铺详情页举例。

① 当进入店铺详情页时，调用页面展现接口，该接口记录页面被进入时的一些状态信息，但此时不发送日志。

② 当用户从该店铺详情页离开时（单击某店铺进入对应店铺详情页→单击返回→退出店铺详情页），调用页面退出的接口，此时该接口会发送日志。

③ 除此之外，UT 还提供了添加页面扩展信息的接口，在用户离开页面前，该接口提供的方法给页面添加相关参数，如店铺 ID，店铺类别等。

为了平衡采集、计算和分析的成本，在部分场景下将选择采集更多的信息来减少计算及分析的成本，如 UT 提供的透传参数功能。所谓透传参数，即将当前页面的某些信息传递到下一个页面甚至下下个页面的日志中。

（2）控件单击事件

控件单击事件是指用户操作页面上的某个控件，比页面事件简单得多，一般只需将相关基础信息告诉 SDK 即可，其主要过程如下。

① 记录基本的设备信息、用户信息。

② 记录控件所在的页面名称、控件名称、控件的业务参数等。

2.2.5 网络数据实时采集

网络数据实时采集可以将非结构化数据从网页中抽取出来，将其存储为统一的本地数据文件，并以结构化的方式存储。下面从网络数据实时采集方法、网络爬虫原理、网络爬虫工作流程、网络爬虫爬取策略、网络爬虫系统 5 个方面进行介绍。

1. 网络数据实时采集方法

互联网网页数据具有分布广、格式多样等大数据的典型特点，需要有针对性地对互联网网页数据进行采集、转换、加工和存储。网络数据实时采集方法是指通过网络爬虫或网站公开 API 等方式从网站上获取数据信息的方法。数据来源一般是网站或 App，采集过程中非常重要的一点就是埋点。在网站或 App 的某个页面的某些操作发生时，前端的代码通过网络请求，向后端 Web 服务器的后台系统发送指定格式的日志数据，到此步骤为止，其采集流程与离线日志一样，通过一个日志传输工具，将日志数据放入指定的文件夹。

2. 网络爬虫原理

在日常生活中，经常见到蜘蛛在蜘蛛网上爬来爬去。可以将互联网比喻成蜘蛛网，网络爬虫也称为网络蜘蛛（Web Spider），它是一种按照一定的规则，自动地爬取 Web 信息的程序或脚本。网络爬虫从指定的链接入口，按照某种策略，从互联网中自动获取有用信息。

网络爬虫广泛应用于互联网搜索引擎或其他类似网站中，以获取或更新网站的网页内容和检索方式。人们常用的搜索引擎使用的就是网络爬虫技术。网络爬虫是搜索引擎系统中十分重要的组成部分，负责从互联网中搜集网页、采集信息。网页信息用于建立索引，从而为搜索引擎提供支持。网络爬虫决定着整个搜索引擎系统的内容是否丰富、信息是否即时，因此网络爬虫性能的优劣直接影响着搜索引擎的效果。同时，网络爬虫要注意遵守各网站 User-Agent 协议的限制，只有双方遵守约定，才能实现网络爬虫的可持续性发展。在生活中人们亦要遵守约定、规则，无规矩不成方圆，遵纪守法是每个公民应尽的义务。

一个通用的网络爬虫框架包括 Web 接口、索引与检索和信息采集 3 个部分。通过网络爬虫可自动下载索引所链接的网页，并将下载网页的索引存放在索引库，将网页信息保存到文档库中。用户通过用户接口，可依次读取索引库中的索引，并利用索引指向文档库中的网页信息。

3. 网络爬虫工作流程

网络爬虫开始于一个被称作种子的统一资源地址列表（也称 URL 池或 URL 队列），将其作为爬取的链接入口。当网络爬虫访问网页时，识别出页面上所有的所需网页链接，并将其加入待爬队列中。此后，从待爬队列中取出网页链接按照一套策略循环访问。一直循环，直到待爬队列为空时，爬虫程序停止运行。

通用爬虫框架流程如图 2-6 所示。通用爬虫框架由种子 URL 队列、待爬取 URL 队列、已爬取 URL 队列、下载网页库等部分构成，其中种子 URL 队列存放爬虫爬取的入口 URL，待爬取 URL 队列存放下一步需要爬取的网页 URL，已爬取 URL 队列是已经成功爬取的网页 URL，下载网页库存放成功爬取的网页信息。

网页爬虫爬取网页的流程如下。

（1）指定入口 URL，将其加入种子 URL 队列中。

（2）将种子 URL 加入待爬取 URL 队列中。

（3）从待爬取 URL 队列依次读取出 URL，从互联网中下载 URL 所链接的网页。

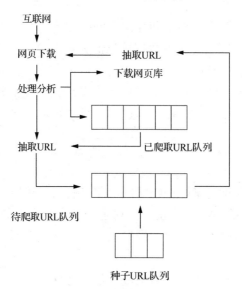

图 2-6　通用爬虫框架流程

（4）将网页的 URL 保存到已爬取 URL 队列中，将网页信息经处理分析后保存到下载网页库中。从网页中抽取出需要爬取的新 URL 并加入待爬取 URL 队列中。

（5）重复上述（1）～（4）步直到待爬取 URL 队列为空。

不论是哪一种类型的爬虫，执行步骤都包括从 URL 队列中选择一个具体的 URL，利用爬虫从该 URL 中获取数据两个阶段。每一个 URL 都是互联网中的一个网页，而互联网中的每一个网页都是通过网页中的 URL 链接到另外的 URL 中。URL 链接给爬虫带来一个问题，即在爬取一个具体 URL 中的数据时该 URL 中的 URL 链接的处理问题，处理此问题将涉及网络爬虫数据爬取的策略。

4．网络爬虫爬取策略

遍历策略是网络爬虫的核心问题。在网络爬虫系统中，待爬取 URL 队列是很重要的一部分，对于待爬取 URL 队列而言，顺序排列也是一个很重要的问题。决定 URL 排列顺序的方法叫作网络爬虫爬取策略，主要包括以下 5 种策略。

（1）深度优先遍历策略

深度优先遍历从初始访问节点出发，初始访问节点可能有多个邻接节点，深度优先遍历的策略就是首先访问第一个邻接节点，然后再以被访问的邻接节点作为初始节点，访问第一个邻接节点。每次在访问完当前节点后，都会首先访问当前节点的第一个邻接节点。深度优先遍历策略优先往纵向挖掘深入，而不是对一个节点的所有邻接节点进行横向访问。深度优先遍历是一个递归的过程。例如，待爬取 URL 队列图如图 2-7 所示，采用深度优先遍历策略的访问顺序为 A→B→D→I、C→E→G、F。不过，在做爬虫时，深度优先策略不一定能适用于所有情况。如果误入无穷分支（深度无限），那么不可能找到目标节点。

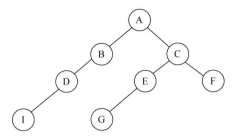

图 2-7　待爬取 URL 队列图

（2）广度优先遍历策略

广度优先遍历类似于一个分层搜索的过程，需要使用一个队列以保持访问过的节点的顺序，再按该顺序来访问各节点的邻接节点。广度优先遍历策略属于盲目搜索，并不考虑结果可能存在的位置，会彻底地搜索整张图，因而效率较低，但是，如果要尽可能覆盖较多的网页，那么广度优先遍历策略是较好的选择。对如图 2-7 所示的待爬取 URL 队列，采用广度优先遍历策略的访问顺序为 A→B→C、D→E→F、I→G。

（3）Partial PageRank 策略

Partial PageRank 策略结合了 PageRank 算法的思想，对于已经下载的网页，连同待爬取 URL 队列的 URL，形成网页集合，计算每个页面的 PageRank 值，计算完之后，将待爬取队列中的 URL 按照网页级别值的大小排列，并按照顺序依次爬取网址页面。如果每次新爬取一个网页就重新计算 PageRank 值，明显效率太低，折中办法是网页攒够 k 个就计算一次。对如图 2-7 所示的待爬取 URL 队列采用 Partial PageRank 策略，假设 k 值为 3，那么系统将会优先下载{A,B,C}的页面，然后计算 PageRank 值，假设计算完的大小排序为 E、D、F，那么优先下载页面 E，由于页面 E 指向页面 G，所以会比较 D、F、G 的 PageRank 值，当页面 G 的 PageRank 值较大时，优先下载页面 G，如此不断循环，直至下载完成。

（4）OPIC 策略

在线页面重要性计算（Online Page Importance Computation，OPIC）是一种改进的 PageRank 算法。在算法开始前，给所有页面一个相同的初始"现金"，当下载了某个页面 P 之后，将 P 的"现金"分摊给所有从 P 中分析出的链接，并且将 P 的"现金"清空。对于待爬取 URL 队列中的所有页面按照持有"现金"数进行排序。OPIC 策略与 Partial PageRank 策略的区别在于，Partial PageRank 策略每次需要迭代计算 PageRank 值，而 OPIC 策略不需要迭代过程，因此 OPIC 策略的计算速度远远快于 Partial PageRank 策略，适合实时计算使用。

（5）大站优先策略

大站优先策略以网站为单位来确定网页重要性。对于待爬取 URL 队列中的网页，根据所属网站归类。如果网站 A 等待下载的页面最多，那么优先下载网站 A 的链接。因为大型网站往往包含更多的页面，且大型网站往往包含著名企业的相关内容，所以大型网站网页质量一般较高，因此大站优先策略的本质思想倾向于优先下载大型网站。经实验，大站优先策略的算法效果要略优于广度优先遍历策略的算法效果。

5. 网络爬虫系统

根据不同的应用，网络爬虫系统在许多方面存在差异。按照网络爬虫的功能可以将其分为批量型爬虫、增量型爬虫和垂直型爬虫 3 类。

（1）批量型爬虫。根据用户配置爬取网络数据，此处的用户配置包括 URL 队列、爬虫累计工作时间、爬虫累计获取的数据量等。批量型爬虫的适用场合包括获取互联网数据的所有场合，往往用于评估算法是否可行以及审计目标 URL 数据是否可用。批量型爬虫是另外两类爬虫的基础。

（2）增量型爬虫。根据用户配置持续爬取网络数据，此处的用户配置包括 URL 队列、单个 URL 数据爬取频度、数据更新策略等。适用场合为实时获取互联网数据的所有应用场景（通用的商业搜索引擎爬虫基本属此类）。

（3）垂直型爬虫。根据用户配置持续爬取指定网络数据，此处的用户配置包括 URL 队列、敏感热词、数据更新策略等。适用场合为实时获取互联网中与指定内容（一般通过配置 URL 队列或热词的方式设定）相关的数据。垂直搜索网站或垂直行业网站往往都需要垂直型爬虫。

2.3 主流的大数据采集框架

在一个完整的大数据处理系统中，除了分析系统这一核心外，还需要数据采集、结果数据导出、任务调度等不可或缺的辅助系统，而辅助系统在整个数据处理的生态体系中都有便捷的开源框架。主流的大数据采集框架包括 Flume 和 Sqoop 等。

2.3.1 Flume

Cloudera 公司开源的 Flume 系统是一个通用的流式数据采集系统，可以将不同数据源产生的流式数据近实时地发送到后端去中心化的存储系统中，具有分布式、良好的可靠性以及可用性等优点，其中，流式数据是实时或接近实时的大数据流，流式数据处理可以应对多种时效性较强的数据处理场景。

1. Flume 设计动机

在生产环境中，通常会部署各种类型的服务，如搜索、推荐、广告等，均会记录大量流式日志。例如搜索系统，当用户输入一个查询词时，该搜索行为会以日志的形式被后端系统记录下来，当并发访问用户数非常多时，搜索系统后端将实时产生大量日志，如图 2-8 所示，如何高效地采集日志并发送到后端存储系统（如 Hadoop、数据仓库等）中统一进行分析和挖掘，是需要解决的问题。

日志采集面临以下问题。

（1）数据源种类繁多。各种服务均会产生日志，日志格式不同，采集日志的方式也不同，有的写到本地日志文件中，有的通过 HTTP 发到远端等。

（2）数据源是物理分布的。各种服务运行在不同机器上，有的甚至是跨机房的。

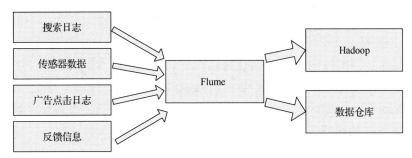

图 2-8 数据采集面临的问题

（3）数据是流式的，不间断产生。日志是实时产生的，需要实时或近实时采集，以便于后端的分析和挖掘。

（4）对可靠性有一定要求。日志采集过程中，希望能做到不丢失数据（如银行用户转账日志），或只丢失可控的少量数据（如用户搜索日志）。

Flume 系统可以较好地解决以上日志采集问题。

2. Flume 基本思想及特点

Flume 采用了插拔式软件架构，所有组件均是可插拔的，用户可以根据需求定制每个组件。Flume 本质上是一个中间件，屏蔽了流式数据源和后端中心化存储系统之间的异构性，使得整个数据流非常容易扩展。

Flume 最初是 Cloudera 工程师开发的日志采集系统，后来逐步演化成支持任何流式数据采集的通用系统。总结起来，Flume 主要具备以下几个特点。

（1）良好的扩展性。Flume 架构是完全分布式的，没有任何中心化组件，非常容易扩展。

（2）高度定制化。各个组件，如 Source（作用是将事件传输至 Channel）、Channel（作用是缓冲和存储事件）和 Sink（作用是从 Channel 中获取数据并存储）等，均是可插拔的，用户很容易根据需求定制组件。

（3）声明式动态化配置。Flume 提供了一套声明式配置语言，用户可根据需求动态配置一个基于 Flume 的数据流拓扑结构。

（4）语意路由。Flume 可根据用户的设置，将流式数据路由到不同的组件或存储系统中，使得搭建一个支持异构的数据流变得非常容易。

（5）良好的可靠性。Flume 内置了事务支持，能够保证发送的每条数据能够被下一环节接收而不会丢失。

3. Flume NG 基本架构

Flume 存在两个版本，分别称为 Flume OG（Original Generation）和 Flume NG（Next/New Generation），其中 Flume OG 对应 Apache Flume 0.9.x 及之前的版本，已经被各大 Hadoop 发行版（如 CDH 和 HDP）所弃用；Flume NG 对应 Apache Flume 1.x 版本，被主流 Hadoop 发行版采用，目前应用广泛。Flume NG 在 Flume OG 架构基础上做了调整，去掉了中心化的组件 Master 以及服务协调组件 ZooKeeper，使得架构更加简单和容

易部署。Flume NG 与 Flume OG 是完全不兼容的，但沿袭了 Flume OG 中很多概念，包括 Source、Sink 等。

Flume 是由一系列称为 Agent 的组件构成的，Flume 基本架构如图 2-9 所示。一个 Agent 可从客户端（如网页日志）或前一个 Agent 接收数据，经过过滤（可选）、路由等操作后，传递给下一个或多个 Agent（完全分布式），直到抵达指定的目标系统，如 HDFS。用户可根据需要拼接任意多个 Agent 构成一个数据流水线。

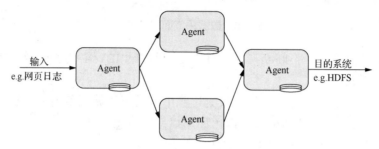

图 2-9　Flume 基本架构

Flume 将数据流水线中传递的数据称为"Event"，每个 Event 由头部和字节数组（数据内容）两部分构成。其中，头部由一系列键值对构成，可用于数据路由。字节数组封装了实际要传递的数据内容，通常使用 Avro、Thrift、Protobuf 等对象序列化而成。Flume 中的 Event 可由专门的客户端程序产生，客户端程序将要发送的数据封装成 Event 对象，并调用 Flume 提供的 SDK 发送给 Agent。Agent 内部的组件构成如图 2-10 所示。

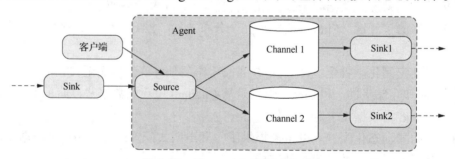

图 2-10　Flume Agent 基本构成

Agent 内部主要由 3 个组件构成，分别是 Source、Channel 和 Sink。

Flume 数据流中接收 Event 的组件，通常从客户端或上一个 Agent 接收数据，并写入一个或多个 Channel。为了方便用户使用，Flume 提供了很多 Source 种类。Channel 是一个缓存区，暂存 Source 写入的 Event，直到被 Sink 发送出去。Sink 负责从 Channel 中读取数据，并发送给下一个 Agent 或数据仓库。除了 Source、Channel 和 Sink 外，Flume Agent 还允许用户设置其他组件，以更灵活地控制数据流，包括 Interceptor、Channel Selector 和 Sink Processor 等。

2.3.2　Sqoop

Sqoop 是连接关系数据库和 Hadoop 的桥梁，主要功能是将关系数据库的数据导入

Hadoop 及其相关的系统中（如 Hive 和 HBase），或将数据从 Hadoop 系统里抽取并导出到关系数据库。Sqoop 项目开始于 2009 年，最早是作为 Hadoop 的一个第三方模块存在，后来为了让使用者能够快速部署，也为了让开发人员能够更快速地迭代开发，Sqoop 独立成为一个 Apache 项目。

1. Sqoop 设计动机

Sqoop 从工程角度解决了关系数据库与 Hadoop 之间的数据传输问题，Sqoop 构建了两者之间的"桥梁"，使得数据迁移工作变得异常简单。在实际项目中，如果遇到数据迁移、结果可视化分析、数据增量导入等任务，可尝试使用 Sqoop 完成。

为了解决上述数据采集过程中遇到的问题，Apache Sqoop 项目应运而生。Sqoop 是一个高性能、易用、灵活的数据导入导出工具，作为关系数据库与 Hadoop 之间的桥梁，让关系数据采集变得异常简单。

2. Sqoop 基本思想及特点

Sqoop 采用插拔式连接器（Connector）架构，Connector 是与特定数据源相关的组件，主要负责（从特定数据源中）抽取和加载数据。用户可选择 Sqoop 自带的 Connector 或数据库提供商发布的本地 Connector，甚至根据自己的需要定制 Connector，从而将 Sqoop 打造成一个公司级别的数据迁移统一管理工具。

Sqoop 主要具备以下特点。

（1）性能好。Sqoop 采用 MapReduce 完成数据的导入导出，具备了 MapReduce 所具有的优点，包括并发度可控、容错性强、扩展性强等。

（2）自动类型转换。Sqoop 可读取数据源元数据，自动完成数据类型映射，用户也可根据需求自定义数据类型映射关系。

（3）自动传递元数据。Sqoop 在数据发送端和接收端之间传递数据的同时，也会将元数据传递过去，保证接收端和发送端有一致的元数据。

3. Sqoop 基本架构

Sqoop 是连接关系数据库和 Hadoop 的桥梁，主要体现在导入和导出两个方面，如图 2-11 所示。

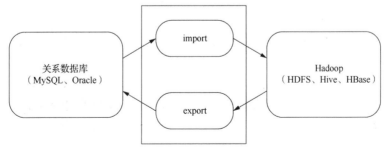

图 2-11　导出和导入过程

（1）将关系数据库的数据导入（import）Hadoop 及其相关的系统中，如 Hive 和 HBase。

（2）将数据从 Hadoop 系统里抽取并导出（export）到关系数据库。

Sqoop 两个版本分别以版本号 1.4.x 和 1.99.x 表示，通常简称为 Sqoop1 和 Sqoop2，Sqoop2 在架构和设计思路上相比 Sqoop1 做了重大改进，因此两个版本是完全不兼容的。Sqoop1 是一个客户端工具，不需要启动任何服务便可以使用，比较简便。

（1）Sqoop1 的基本架构

Sqoop1 从传统数据库获取元数据信息（schema、table、field、field type），能充分利用 MapReduce 高容错性、扩展性，把导入功能转换为只有 Map 的 MapReduce 作业，基本架构如图 2-12 所示。

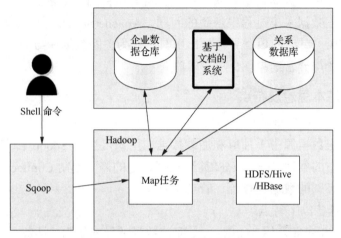

图 2-12　Sqoop1 的基本架构

当有数据迁移到 Hadoop 大数据平台时，用户通过 Shell 命令提交迁移作业后，Sqoop 会从企业数据仓库或基于文档的系统或关系数据库中读取元数据，并根据并发度和数据表大小将数据划分成若干分片，每片交给一个 Map 任务处理，多个 Map 任务同时读取数据库中的数据，并行将数据写入目标存储系统，如 HDFS、Hive、HBase 等。同时，当有可视化分析业务需要时，可将数据从 Hadoop 系统里抽取并导出到企业数据仓库或基于文档的系统或关系数据库中。在 Sqoop1 架构中，数据传输与数据格式紧耦合，无法支持所有数据类型，仅仅使用一个 Sqoop 客户端，没有专门用于管理 Connector 的设备，且安全机制不够完善。

（2）Sqoop2 的基本架构

为了解决 Sqoop1 架构无法集中管理 Connecter、客户端数量少等问题，Sqoop2 对其进行了改进，如图 2-13 所示，引入 Sqoop 服务器，实现 Connector 集中管理，提供命令行（CLI）、REST API、通过浏览器（Web UI）的访问方式，将元数据存储至元数据仓库。同时 Sqoop2 引入基于角色的安全机制，使得 Sqoop 客户端变得非常简便，更易于使用。Sqoop1 到 Sqoop2 的变迁，类似于传统软件架构到云计算架构的变迁，将所有软件运行到"云端"（Sqoop Server），而用户只需通过命令或浏览器便可随时随地使用 Sqoop。

Sqoop2 通过将访问入口服务化，将所有的复杂功能放到服务器端，大大简化了客户端，使 Sqoop 更轻量级，进而变得更加易用。

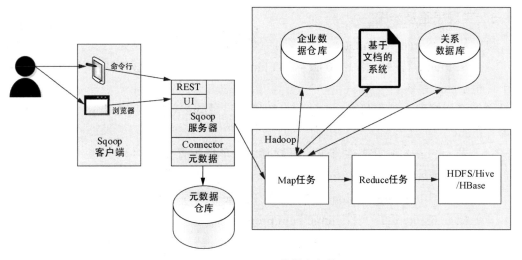

图 2-13　Sqoop2 的基本架构

小结

大数据采集处于大数据生命周期中第一个环节，是大数据分析至关重要的一个步骤，也是大数据分析的入口。本章以实例的形式引入了大数据采集的基本应用场景，介绍了大数据采集的概念和数据来源、大数据采集技术等，初步了解了大数据采集在整个大数据生命周期中的基础作用，也全面分析了大数据采集技术。最后，本章从设计动机、基本思想、基本架构等方面介绍了 Flume 和 Sqoop 这两种主流的大数据采集框架，为深入实践大数据采集奠定了基础。

实训

实训 1　Flume 的安装和配置

1. 实训目标

了解 Flume 与安装环境中操作系统、Hadoop 和 JDK 等软件之间的关联，掌握 Flume 的安装过程和配置方法。

2. 实训环境

（1）Linux CentOS 7.8。

（2）3.1.4 版本的 Hadoop。

（3）1.9.0 版本的 Flume。

（4）1.8 版本的 JDK。

3. 实现思路及步骤

（1）从 NetSarang Computer 公司官网免费下载 Xftp 工具，并进行安装。

（2）从 Flume 官网下载 1.9.0 版本的 Flume 的压缩包，下载完成后使用 Xftp 工具将其上传至 Linux 系统。

（3）将压缩包上传到目录/usr/local，解压到目录/opt/ronnie，使用 mv 命令重命名文件为"flume"。

（4）进入 Flume 配置文件目录，复制并修改环境配置文件。

（5）配置环境变量。

（6）通过"flume-ng version"命令查看 Flume 版本。

（7）配置 Flume 运行文件 flume-conf.properties。

（8）通过 flume-ng agent 运行 Flume。

实训 2　Sqoop 的安装和配置

1. 实训目标

了解 Sqoop 与安装环境中 Linux 操作系统、Hadoop、JDK、Hive 和 MySQL 等软件之间的关联性，掌握 Sqoop 的安装过程和配置方法。

2. 实训环境

（1）Linux CentOS 7.8。

（2）3.1.4 版本的 Hadoop。

（3）1.8 版本的 JDK。

（4）3.1.2 版本的 Hive。

（5）1.4.7 版本的 Sqoop。

（6）8.0 版本的 MySQL。

3. 实现思路及步骤

（1）从 NetSarang Computer 公司官网免费下载 Xftp 工具，并进行安装。

（2）从 Sqoop 官网下载 1.4.7 版本的 Sqoop，下载完成后使用 Xftp 工具将其上传至 Linux 系统。

（3）解压 Sqoop 到目录/usr/local，并修改文件名。

（4）配置环境变量并使环境变量生效。

（5）复制 sqoop-env.sh 文件并修改内部配置。

（6）创建 Hive 配置文件的软连接，并复制 MySQL 驱动包到 Sqoop 的 lib 文件夹下。

（7）测试 Sqoop 是否安装成功。

（8）执行 MySQL 到 Hive 的数据同步测试。

课后习题

1. 单选题

（1）大数据采集不包括（　　）。

    A. 网络数据采集
        B. 离线数据批量采集

    C. 云端数据采集
        D. 系统日志数据采集

（2）在大数据体系中，将传统数据分为业务数据和（　　）。

    A. 线下行为数据
        B. 行业数据

    C. 线上行为数据
        D. 内容数据

（3）下列不是 Flume 的核心组件的是（　　）。

    A. Channel
    B. Sink
    C. Block
    D. Source

（4）下列关于网络爬虫的描述错误的是（　　）。

    A. 是搜索引擎的重要组成部分

    B. 网络爬虫是一种按照一定的规则，自动地爬取 Web 信息的程序或脚本

    C. 爬虫从一个或若干个初始网页的 URL 开始，获得初始网页上的 URL，在爬取网页的过程中，不断从当前页面上抽取新的 URL 放入队列，直到满足系统的一定停止条件

    D. 网络爬虫的行为和人们访问网站的行为是完全不同的

（5）许多公司的系统平台每天都会产生大量的日志，一般为（　　）数据。

    A. 流式
    B. 静态
    C. 动态
    D. 键值对

（6）浏览器和服务器之间通信遵守的协议是（　　）。

    A. IP
    B. FTP
    C. HTTP
    D. TCP

（7）页面浏览日志采集就是在（　　）文档的适当位置添加一个日志采集节点。

    A. XML
    B. HTML
    C. JSON
    D. JavaScript

（8）（　　）是爬虫的核心问题。

    A. 爬取时机
    B. 爬取目标
    C. 遍历策略
    D. 选用的爬虫系统

（9）Sqoop 从工程角度解决了关系数据库与（　　）之间的数据传输问题。

    A. MapReduce
    B. HDFS
    C. Flume
    D. Hadoop

（10）Sqoopl 实际上是一个只有（　　）的 MapReduce 作业。

    A. Reduce
    B. Map
    C. HDFS
    D. Link

2. 多选题

（1）通用爬虫框架由（　　）等部分构成。

    A. 种子 URL 队列
        B. 已爬取 URL 队列

    C. 下载网页库
        D. 待爬取 URL 队列

（2）大数据采集的主要数据源包括（　　）。

    A. 互联网数据   B. 传感器数据

    C. 企业业务系统数据   D. 日志文件

（3）传统数据采集的常见方式包括（　　）。

    A. 问卷调查   B. 查阅资料   C. 实地考察   D. 实验

（4）一个适用于大数据领域的采集系统，一般具备（　　）特点。

    A. 扩展性强   B. 多元化   C. 安全性强   D. 可靠性强

（5）下面属于系统日志数据采集工具的有（　　）。

    A. Flume   B. Scrible   C. Sqoop   D. Chukwa

（6）按照网络爬虫的功能可以将其分为（　　）。

    A. 流量型爬虫   B. 批量型爬虫   C. 增量型爬虫   D. 垂直型爬虫

（7）Flume 具备的特点是（　　）。

    A. 高度定制化   B. 良好的扩展性

    C. 语意路由   D. 声明式动态化配置

（8）Flume 存在多个版本，分别称为（　　）。

    A. Flume HG   B. Flume OG   C. Flume NG   D. Flume EG

（9）Sqoop 的优点为（　　）。

    A. 并发度可控、容错性强、扩展性强

    B. 可以自动地完成数据映射和转换

    C. 支持多种数据库

    D. 面向专用数据库

（10）用户访问数据分析的指标主要有（　　）。

    A. 成交次数   B. 点击率   C. 独立访客数   D. 页面浏览量

3. 简答题

（1）简述网络爬虫的定义及其类型。

（2）简述 Flume 的基本架构。

第 ❸ 章 大数据存储与管理

存储与管理贯穿大数据的处理过程。无论是新采集的海量原始数据，还是处理过程中产生的临时数据，或是最后的数据处理结果，都需要高效地存储与管理。除了数量巨大以外，大数据的非结构化特征也很明显，传统的数据管理和分析技术难以应对数据巨大、数据不一致性、并行处理等问题，这时通常需要利用分布式文件系统、云存储等技术来应对。在具体场景应用中存储与管理大数据时，既要因地制宜，具体问题具体分析，也要进行原创性科技攻关，才能适配海量多来源多模态数据存储与管理的需求。

本章以平安城市建设实例为切入点，详细描述数据存储及其数据类型，介绍传统数据存储技术，重点阐述分布式存储系统和云存储等大数据时代下的数据存储技术，最后对主流的分布式存储框架做介绍。

学习目标

（1）了解数据存储概念和数据类型。
（2）了解传统的数据存储技术和大数据存储技术。
（3）了解大数据存储技术及主流分布式存储框架。

素养目标

（1）通过结构化数据与非结构化数据的对比，培养辩证看问题的思维方法。
（2）通过熟悉主流分布式存储框架不同的应用场景，培养学生对学习和研究不断进取的素养。
（3）通过对大数据框架演变发展的学习，养成用发展的眼光看问题的习惯。

3.1 实例引入：从平安城市建设看海量数据存储

平安是人们解决温饱后的第一需求，是民生所盼、发展之基。平安中国建设关系到人民群众的获得感、幸福感、安全感。随着信息通信技术的推进，各地大力推进平安城市的建设。平安城市建设是建设和谐的智慧城市，重点对城市的安防系统、道路交通系统、环境监测系统等公共服务系统进行综合调度管理，为城市居民提供安全、便捷的生活环境。平安城市建设进程中一项重要的工作是通过互联网收集众多分散的信息，而其中视频监控是主要的信息来源，平安城市道路监控如图 3-1 所示。

图 3-1　平安城市道路监控

平安城市视频监控系统建设中的视频数据的云存储技术，最终实现城市级高清数字视频监控管理应用系统建设。本节将结合平安城市建设的实例，学习数据存储及数据类型等。

3.1.1　平安城市建设中的视频监控系统

平安城市视频监控系统是基于云计算、物联网等先进技术的数字化、网络化、高清化、智能化，城市级的高清数字视频监控管理应用系统。系统在逻辑上由前端监控点建设、视频传输网络系统建设、视频存储系统建设、视频综合管理应用平台建设 4 部分组成。随着平安城市视频监控建设的推进，视频画面质量有所提高、画面尺寸增大、视频线路增加，数据量存储要求必须满足 PB 级，即约 100 万 GB 的空间。传统视频数据存储的网络架构技术中的存储区域网络（Storage Area Network，SAN）或网络附接存储（Network Attached Storage，NAS）在容量和性能扩展上存在瓶颈，而云存储技术利用集群技术、网络技术、分布式文件管理等技术，实现了云分布的不同类型的存储设备协同工作。云存储兼顾管理的存储体系，为平安城市所需的信息资源共享提供服务接口，使视频监控系统的工作机制采用了云服务，提高了系统海量视频数据的处理性能以及整个系统容量的灵活调整能力。

3.1.2　平安城市视频监控数据的存储技术方案

视频存储系统负责整个平安城市视频监控系统视频的实时存储和转发，其中视频数据存储设备及网络架构技术可包括硬盘录像机（Digital Video Recorder，DVR）技术、SAN 技术和云存储技术。

早期视频监控系统的存储方案主要以 DVR 为核心的方案，但是随着监控系统的网络化和存储数据的海量化，信息系统因各厂家设备互通性差产生了信息孤岛；设备的设计无法满足因紧急、大量事件而带来的快速数据查询需求；设备相对独立、无法统一管理视频数据，不适应大型网络部署的问题逐渐显现。

流媒体是指采用流式传输技术在网络上连续实时播放的媒体格式，如音频、视频或多媒体文件。采用流媒体技术作为核心的高性能存储转发服务器为系统提供了强大的媒体流转发能力，可以满足巨大的客户端访问量。专业的 SAN 存储系统可以为海量存储提供巨大的空间。由于技术的局限性，前期大型网络较多采用服务器和 IP-SAN 存储阵列的方式（服务器和 IP-SAN 存储阵列示例如图 3-2 所示），其中，IP-SAN 是采用 Internet 小型计算机系统接口协议构建成的 SAN 存储区域网络；存储阵列是由很多价格较便宜的磁盘，组合成一个容量巨大的磁盘组，利用个别磁盘提供数据所产生的加成效果提升整个磁盘系统效能。这类大型网络部署采用集中方式和分布式方式实现，虽然解决了 DVR 技术产生的维护、安全等各方面问题，实现了视频的集中存储、管理和调度，但传统服务器和 IP-SAN 存储阵列的存储构架，一般是基于通用服务器、存储、监控平台软件堆砌而成。大量服务器和 IP-SAN 存储阵列组成的系统隐含的故障点多、效率低、安全性差，建设和运行维护成本高，无法满足后续扩展视频智能分析业务功能的加载。

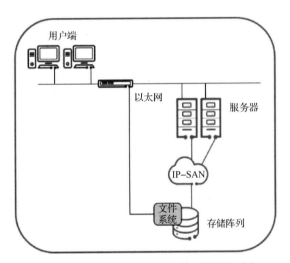

图 3-2　服务器和 IP-SAN 存储阵列示例

云存储是在云计算概念上延伸和发展出来的一个新的概念，是指通过集群应用、网格技术或分布式文件系统等，将网络中各种不同类型的存储设备通过应用软件集合起来协同工作，共同对外提供数据存储和业务访问功能的系统。基于云存储的视频监控由前端视频采集系统、云存储平台、视频业务服务组成，如图 3-3 所示。云存储在平安城市建设视频监控中的应用突破了网络视频录像机（Network Video Recorder，NVR）或中心级视频网络存储设备（Central Video Recorder，CVR）堆叠模式的控制粒度过大、存储资源利用率低的限制以及传统存储服务器的工作负荷瓶颈，使整个视频监控系统发挥出最大效能。

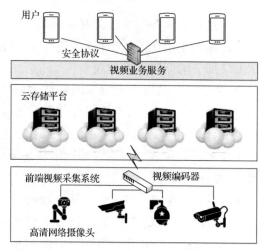

图 3-3　基于云存储的视频监控系统组织结构

1. 前端视频采集系统

前端视频采集系统中的设备主要由高清网络摄像头、视频编码器等组成。前端视频采集系统为每路网络摄像头分配一个足够的带宽，通过互联网将各路网络摄像头与云存储系统连接起来，采集的视频信息可以实时地传输到云存储平台上。

2. 云存储平台

云存储平台不仅是一个存储硬件，而且还是一个由网络设备、应用软件、接入网、服务访问接口、存储设备等多个部分组成的管理体系，具体可分为云存储数据管理中心和云存储设备两部分，担负数据存储及数据管理的功能。

3. 视频业务服务

视频业务服务是运行在云存储平台之上的应用集合，根据不同的业务用户，提供各种相关业务应用。每个应用对应着一个业务需求，实现一类特定的业务子系统，通过网络接入、用户认证、权限管理等安全策略与用户群交互。目前由云存储服务提供的视频业务分为三大类。

（1）面向公众的标准应用。

（2）为了私人、企事业单位专门开发的客户应用。

（3）第三方在云存储平台上部署的商业应用。

视频业务服务涉及的具体应用包括单位视频数据备份、存储、远程共享、下载、回放、归档；视频监控、网络电视、流媒体视频等集中存储、网站大容量在线存储；个人空间、运营商空间等租赁服务；电子地图业务等。

3.2　传统的数据存储技术

本节将介绍数据存储、数据存储的数据类型，并对传统的数据存储技术，即文件系统、关系数据库、数据仓库和并行数据库进行介绍。

3.2.1 了解数据存储

数据存储和存储管理技术起源于 20 世纪 70 年代的终端或主机计算模式，数据集中在网站涉及的主机上。20 世纪 80 年代以来，随着个人计算机的发展，特别是客户端/服务器模式的出现，数据存储逐渐分散。客户机上也分布着一定数量的数据，使得数据存储管理变得复杂。

数据存储的介质经历了卡片、纸带、磁带、单磁盘、专用存储设备、分布式存储设备的演变，数据管理技术相应也经历了人工管理、文件系统管理、传统数据库系统管理和大数据管理的演变，数据的存储与应用逐渐从分离走向融合。

当前，数据存储一般可分为内置存储和外置存储。内置存储主要包括分类缓存、内存（RAM）、硬盘和光驱。随着数据量的增加，硬盘逐渐从内部存储向外挂存储转变，也就是从内置存储向外置存储转变，此外，存储结构形式则逐渐被存储阵列替代，如图 3-4 所示。外置存储分为直连式存储（Direct-Attached Storage，DAS）、网络化存储（Fabric-Attached Storage，FAS）和云存储，其中 FAS 包括 SAN 和网络附接存储。外置存储发展过程如图 3-5 所示。

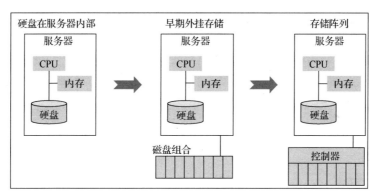

图 3-4　从硬盘到存储阵列

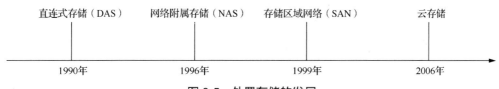

图 3-5　外置存储的发展

直连式存储（DAS）和服务器直连，拓展性和灵活性差。网络化存储（如 SAN、NAS）设备类型丰富，通过 IP 网络或光纤通道网络互连，具有一定的拓展性，但是受到控制器能力限制，拓展能力有限；同时，设备生命周期结束时要更换设备，数据迁移会耗费大量的时间和精力。云存储基于标准硬件和分布式架构，将数据分散存储到多个存储服务器上，并将分散的存储资源构成一个虚拟的存储设备，可实现 EB 级（1EB = 1024PB）数据量的扩展，同时可以对块、对象、文件等多种类型的数据做统一管理。直连式存储与网络化存储也可以统称为集中式存储。云存储中的存储方式可以是分布式存储，也可以是集中式存储或其他类型的存储。

3.2.2 数据存储的数据类型

在数据存储中，数据可分成文本、图片、音频和视频等基本类型；同时根据数据的结构特点，也可分为结构化数据、半结构化数据和非结构化数据等。结构化数据有固定的数据模型，是一组特定数据类型的数据组合，如数据表。非结构化数据没有固定的数据结构和类型，也没有固定的数据模型，以小文件为主。半结构化数据有格式，但没有固定的数据模型，具备自描述的属性信息表达数据内容。

1. 数据的基本类型

数据有很多的类型，常见的数据类型包括文本、图片、音频、视频等，如表 3-1 所示。

表 3-1　常见的数据类型及说明

数据类型	说明
文本	文本是一种由若干字符构成的计算机文件，常见格式包括 ASCII、MIME 和 TXT
图片	图片是指由图形、图像等构成的平面媒体。图片的格式很多，大体可以分为点阵图和矢量图两大类。常见的 BMP、JPG 等格式都是点阵图形，PSD 是具有矢量内容的点阵图形，而 SWF 等格式的图形则属于矢量图形
音频	音频是指存储声音内容的文件，用特定的音频程序播放音频文件，即可还原以前录下的声音。音频文件的格式很多，包括 WAV、MP3、MID、WMA 等
视频	视频通常指存储各种动态影像的文件，其存储格式包括 MPEG-4、AVI、DAT、RM、MOV、ASF、WMV、DivX 等

2. 数据的分类

在数据分析中，数据结构分类说明如表 3-2 所示。

表 3-2　数据结构分类说明

分类	说明	示例
结构化数据	结构化数据是指可以使用关系数据库表示和存储，表现为二维形式的数据。一般特点是数据以行为单位，一行数据表示一个实体的信息，每一行数据的属性是相同的。结构化数据的存储和排列是有规律的，规律性对查询和修改数据等操作很有帮助	日期、产品名称
半结构化数据	半结构化数据具有一定的结构性，尽管其并不符合关系数据库或其他数据表的形式及其关联的数据模型结构，但包含相关标记，可用来分割语义元素以及对记录和字段进行分层。因此，半结构化数据也被称为自描述的结构数据	日志文件、XML 文档、JSON 文档、邮件
非结构化数据	非结构化数据是指没有固定结构的数据，对于没有固定结构的数据，一般直接对整体进行存储，并将其存储为二进制的数据格式	文档、图片、视频、音频

结构化数据和非结构化数据都可以由人或机器生成，但两者之间有一些明显的区别，特别是非结构化数据的不规则性和模糊行为增加了传统程序理解的难度。结构化数据和非结构化数据对比如表 3-3 所示。

表 3-3　结构化数据和非结构化数据对比

对比内容	结构化数据	非结构化数据
特征	预定义的数据模型 明确的定义 定量数据 容易访问 容易分析	没有预定义的数据模型 没有明确的定义 定性数据 很难获得 很难分析
存在	关系数据库 数据仓库 电子表格	NoSQL 数据库 数据湖 数据仓库
分析方法	回归 分类 聚类	数据挖掘 自然语言处理 向量的搜索
应用	在线预订 自动取款机 库存控制系统	语音识别 图像识别 文本分析
例子	名字 日期 地址 电话号码 信用卡号码	电子邮件信息 健康记录 图片 音频 视频

随着现代技术的发展，从非结构化数据中分析和获得新的见解变得越来越容易。将非结构化数据转换为结构化数据可以使其更简单、更能有效地得到管理、存储和保护。

3.2.3　文件系统

文件系统是操作系统用于明确存储设备（常见的是磁盘，也有基于 NAND 闪存的固态硬盘）或分区上的文件的方法和数据结构，即在存储设备上组织文件的方法。操作系统中负责管理和存储文件信息的软件机构称为文件管理系统，简称"文件系统"。

文件系统由文件系统接口、对象及其属性、操作和管理对象的软件集合 3 部分组成。从系统角度来看，文件系统对文件存储设备的空间进行组织和分配，负责文件存储并对存入的文件进行保护和检索的系统。文件系统主要负责为用户创建文件，存入、读出、修改、转储文件，控制文件的存取，当用户不再使用时撤销文件等。

3.2.4 关系数据库

除了文件系统之外，数据库是另一种主流的数据存储和管理技术。数据库指的是以一定方式储存在一起，能为多个用户共享、具有尽可能小的冗余度、与应用程序彼此独立的数据集合。对数据库进行统一管理的软件被称为"数据库管理系统"。在数据库的发展历史上，先后出现过网状数据库、层次数据库、关系数据库等不同类型的数据库，分别采用了不同的数据结构（数据组织方式）。目前比较主流的数据库是关系数据库，其采用了关系数据模型来组织和管理数据。一个关系数据库可以看成是许多关系表的集合，每个关系表可以看成一张二维表格。

目前，市场上常见的关系数据库产品包括 Oracle、SQL Server、MySQL、DB2 等。

3.2.5 数据仓库

数据仓库是一个面向主题的、集成的、相对稳定的、反映历史变化的数据集合，用于支持管理决策。数据仓库具体功能特点如表 3-4 所示。

表 3-4　数据仓库具体功能特点

特点	说明
面向主题	操作型数据库的数据是面向事务处理任务组织的，而数据仓库中的数据是按照一定的主题进行组织的。主题是指用户使用数据仓库做决策时所关心的重点方面，一个主题通常与多个操作型信息系统相关
集成	数据仓库的数据来自分散的操作型数据，将所需数据从原来的数据中抽取出来，进行加工与集成、统一与综合之后才能进入数据仓库
相对稳定	数据仓库是不可更新的，数据仓库主要是为决策分析提供数据，涉及的操作主要是数据的查询
反映历史变化	在构建数据仓库时，会每隔一定的时间（如每周、每天、每小时）从数据源抽取数据并加载到数据仓库

数据库是面向事务设计的，数据仓库是面向主题设计的。数据库一般存储在线交易数据，数据仓库存储的一般是历史数据。数据库为捕获数据而设计，数据仓库为分析数据而设计。

3.2.6 并行数据库

并行数据库是指在无共享的体系结构中进行数据操作的数据库系统，该数据库系统大部分采用了关系数据模型并且支持 SQL 语句查询，但为了能够并行执行 SQL 的查询操作，系统中采用了关系表的水平划分和 SQL 查询的分区执行等关键技术。

并行数据库系统的目标是高性能和高可用性，通过多个节点并行执行数据库任务，提高整个数据库系统的性能和可用性。目前有一些提高并行数据库系统性能的新技术，如索引、压缩、实体化视图、结果缓存、I/O 共享等，这些技术都比较成熟，且经得起时间的考验。与一些早期的系统（如 Teradata）必须部署在专有硬件上不同，并行数据库（如 Aster、Vertica）可以部署在普通的商业机器上。

并行数据库系统的主要缺点是没有较好的弹性，这在某些情况下对中小型企业和初创企业是有利的，因为他们可能会面临快速变化和不断调整。人们在设计和优化并行数据库时认为，集群中节点的数量是固定的，若需要对集群进行扩展和收缩，则必须为数据转移过程制订周全的计划。数据转移的代价是昂贵的，并且会导致系统在某段时间内不可访问，而较差的灵活性直接影响到并行数据库的弹性以及现用现付模式的实用性。

并行数据库的另一个问题是系统的容错性较差。过去人们认为节点故障是个特例，并不经常出现，因此系统只提供事务级别的容错功能。如果在查询过程中节点发生故障，那么整个查询都要从头重新执行。重启任务的策略使得并行数据库难以在拥有数千个节点的集群上处理较长的查询，原因是在集群中节点故障时经常使用重启任务的策略。

综上所述，并行数据库只适合资源需求相对固定的应用程序。不管怎样，并行数据库的许多设计原则为其他海量数据系统的设计和优化提供了比较好的思路。

3.3 大数据时代下的数据存储技术

伴随着云计算、物联网等新兴技术的不断发展，数据增长迅速，海量数据的出现标志着大数据时代的来临。大数据已有了自身的框架，并显著地促进了互联网、计算以及存储技术的进步。大数据时代，数据的形态结构变得越来越复杂，相继出现了结构化、半结构化及非结构化数据。原有的存储方式难以满足大数据存储需求，分布式存储系统以及云存储技术应运而生。

3.3.1 分布式存储系统

传统的关系数据库可以较好地支持结构化数据存储和管理，并以完善的关系代数理论作为基础，具有严格的标准，支持事务管理原则，借助索引机制实现高效的查询。因此，自 20 世纪 70 年代诞生以来，关系数据库一直是数据库领域的主流产品类型。但是，Web 2.0 的迅猛发展以及大数据时代的到来，使关系数据库的发展越来越力不从心。在大数据时代，数据类型繁多，传统的关系数据库由于数据模型不灵活、水平扩展能力较差等局限性，已经无法满足各种类型的非结构化数据的大规模存储需求。不仅如此，传统关系数据库引以为傲的一些设计，如事务机制和支持复杂查询，在 Web 2.0 时代的很多应用面前显得不足为奇。因此，在新的应用需求驱动下，各种分布式存储系统或数据库不断涌现，并逐渐获得市场的青睐。

1. 分布式存储及系统的概念

分布式存储是将数据分散存储在多台独立的设备上，采用可扩展的系统结构、利用多台存储服务器分担存储负荷、利用位置服务器定位存储信息的一种数据存储技术。分布式存储的虚拟化如图 3-6 所示，存储虚拟化可以将存储设备（物理资源）进行抽象，以逻辑资源的方式呈现（逻辑表现），给客户端或服务器统一提供全面的存储服务，便于用户管理。

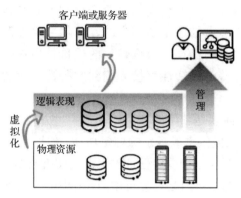

图 3-6　分布式存储的虚拟化

分布式存储的特点如下。

（1）运行在多个节点上，可分担存储负荷。

（2）整合集群内所有存储空间资源，虚拟化并对外提供文件访问服务。

（3）更好的扩展性，更大的容量，更适合大规模数据的性能需求。

传统的网络存储系统采用集中的存储服务器存放所有数据，存储服务器成为系统性能的瓶颈，不能满足大规模存储应用的需要。分布式存储系统的常见分类如表 3-5 所示。

表 3-5　分布式存储系统的常见分类

类型	说明
分布式文件系统	存储非结构化数据对象，作为其他存储系统的底层存储，可以存储 3 种类型的数据——类文件对象、定长块、大文件。分布式文件系统内部按照数据块来组织数据，将数据块分散到存储集群，处理数据复制、一致性、负载均衡、容错等问题，如 HDFS
分布式键值系统	存储关系简单的半结构化数据，支持数据分布到集群中的多个存储节点，一致性哈希是分布式键值系统中常用的数据分布技术，如 HBase
分布式表格系统	存储关系较为复杂的半结构化数据，以表格为单位组织数据，支持主键增、删、查、改功能以及范围查找功能，针对单张表格操作，同一个表格的多个数据行不要求包含相同类型的列，可以做到超大规模，支持较多的功能，如 BigTable
分布式数据库	存储结构化数据，目前为止最成熟的存储技术，采用二维表格组织数据，支持类SQL 关系查询语言，如 Hive

2. 分布式数据库

分布式数据库是指数据在物理上分布而在逻辑上集中的数据库系统。物理上分布是指分布式数据库的数据分布在物理位置不同、由网络连接的节点或站点上，不同的节点可以分布在不同的机房和地区。逻辑上集中是指各节点在逻辑上是一个整体，并由统一的数据库管理系统管理分布式数据库可分为 NewSQL 数据库和 NoSQL 数据库等。

（1）NewSQL 数据库

NewSQL 是对各种新的可扩展、高性能数据库的简称，NewSQL 数据库不仅具有对海量数据的存储管理能力，还保持了传统数据库支持事务管理和 SQL 的特性。不同的 NewSQL 数据库的内部结构差异很大，但是有两个显著的共同特点，一是都支持关系数据模型，二是都使用 SQL 作为其主要的接口。目前，具有代表性的 NewSQL 数据库主要包括 Spanner、Clustrix 等。此外，还有一些在云端提供的 NewSQL 数据库，包括亚马逊公司的 RDS、微软公司的 Azure SQL Database 等。

一些 NewSQL 数据库比传统的关系数据库具有更明显的性能优势。例如，VoltDB 系统使用了 NewSQL 创新的体系架构，释放了主内存中的数据库中消耗系统资源的缓冲池，在执行交易时可比传统关系数据库快 45 倍。VoltDB 可扩展服务器数量为 39 个，可在 300 个 CPU 核心上每秒处理 160 万个复杂事务，而具备同样处理能力的 Hadoop 则需要更多的服务器。

（2）NoSQL 数据库

NoSQL 指的是非关系数据库，是一种不同于关系数据库的数据库管理系统设计方式，是对不同于传统的关系数据库的数据库管理系统的统称。NoSQL 所采用的数据模型并非传统关系数据库的关系模型，而是类似键值、列族、文档等非关系模型。NoSQL 数据库没有固定的表结构，通常也不存在连接操作，也不严格遵守事务管理原则，因此，与关系数据库相比，NoSQL 具有灵活的水平可扩展性，可以支持海量数据存储。此外，NoSQL 数据库支持 MapReduce 风格的编程（MapReduce 是一种常用的编程模型，用于分布式处理海量数据，其核心思想是将数据处理任务分解为可并行执行的子任务），可以较好地用于大数据时代的各种数据管理。NoSQL 数据库的出现，不仅弥补了关系数据库在当前商业应用中存在的各种缺陷，还撼动了关系数据库的传统垄断地位。

NoSQL 可用于超大规模数据的存储。例如，谷歌等公司每天为用户收集万亿比特（bit）的数据，该数据的存储不需要固定的模式，不需要多余操作即可横向扩展。从 2009 年开始，NoSQL 数据库发展势头非常迅猛。在短短几年时间内，NoSQL 领域就爆炸性地产生了许多新的数据库。NoSQL 数据库虽然数量众多，但是归结起来，典型的 NoSQL 数据库通常包括键值数据库、列族数据库、文档数据库和图数据库。

当应用场合需要简单的数据模型、灵活性的 IT 系统、高性能的数据库、数据库一致性较低时，NoSQL 数据库是一个很好的选择。NoSQL 数据库特点如表 3-6 所示。

表 3-6　NoSQL 数据库特点

特点	说明
灵活的可扩展性	NoSQL 数据库在设计之初是为了满足"横向扩展"的需求，因此其天生具备良好的水平扩展能力

特点	说明
灵活的数据模型	NoSQL 数据库摒弃了流行多年的关系数据模型，转而采用键值、列族等非关系模型，允许在一个数据元素里存储不同类型的数据
与云计算紧密融合	云计算具有很好的水平扩展能力，可以根据资源使用情况进行自由伸缩，各种资源可以动态加入或退出。NoSQL 数据库可以凭借自身良好的横向扩展能力，充分自由利用云计算基础设施，很好地融入云计算环境中，构建基于 NoSQL 的云数据库服务

3. 分布式文件系统

大数据时代必须解决海量数据的高效存储问题，为此，分布式文件系统应运而生。相对于传统的本地文件系统而言，分布式文件系统（Distributed File System，DFS）是一种通过网络实现文件在多台主机上进行分布式存储的文件系统。分布式文件系统的设计一般采用"客户端/服务器"（Client/Server）模式，客户端以特定的通信协议通过网络与服务器建立连接，提出文件访问请求，客户端和服务器可以通过设置访问权限来限制请求方对底层数据存储块的访问。

谷歌公司开发了 Google 文件系统（Google File System，GFS），通过网络实现文件在多台机器上的分布式存储，较好地满足了大规模数据存储的需求。Hadoop 分布式文件系统（Hadoop Distributed File System，HDFS）是针对 GFS 的开源实现，是 Hadoop 三大核心组成部分之一，提供了在廉价服务器集群中进行大规模分布式文件存储的功能。HDFS 具有很好的容错能力，并且兼容廉价的硬件设备，因此，可以以较低的成本利用现有机器实现大流量和大数据的读写。

3.3.2 云存储

云存储实际上是云计算中有关数据存储、归档、备份的一个部分，是一种创新服务。在面向用户的服务形态方面，云存储是一种提供按需服务的应用模式，用户可以通过网络连接云端存储资源，在云端随时随地存储数据。云存储如图 3-7 所示。在云存储服务构建方面，通过分布式、虚拟化、智能配置等技术，实现海量、可弹性扩展、低成本、低能耗的共享存储资源。本小节主要介绍云平台整体架构，云存储概念、特点和代表产品等。

图 3-7 云存储

1．云平台整体架构

云存储是云计算的存储部分，云平台是云计算的平台，理解云存储架构的前提是理解云平台整体架构。云平台按照服务类型大致可以分为基础设施即服务（IaaS）、平台即服务（PaaS）、软件即服务（SaaS）3 类，如图 3-8 所示。

图 3-8　云平台的服务类型

云平台服务类型说明如表 3-7 所示。

表 3-7　云平台服务类型说明

服务类型	说明
IaaS	IaaS 将硬件设备等基础资源以虚拟机的形式提供给用户使用，如亚马逊云计算 AWS（Amazon Web Service）的弹性计算云 EC2
PaaS	PaaS 进一步抽象硬件资源，为用户提供应用程序的运行环境，开发者只需将应用程序提交至 PaaS，PaaS 会自动完成程序部署、处理服务器故障、扩容等操作，如 GAE（Google App Engine）就是 PaaS。另外，微软的云计算平台 Windows Azure Platform 也可归入 PaaS 类
SaaS	SaaS 的针对性更强，可以将某些特定应用软件转成服务，如 Salesforce 公司提供的在线客户端管理 CRM 服务、谷歌公司的企业应用套件 Google Apps 等

2．云存储概念

云存储是在云计算概念上衍生、发展出来的一个概念，除了可以节省整体的硬件成本（包括电力成本）外，还具备良好的可扩展性、对用户的透明性、按需分配的灵活性和负载的均衡性等特点。近年来，已经有很多公司推出了云存储产品，包括阿里云存储系列产品、腾讯云存储系列产品等。云存储本质上是一种理论，但在实际产品化的过程中，仍然依赖数据中心的物理设备。同样地，在学习时不能只知其一，不知其二，既要懂得理论，又要深入实践，才能把握技术的要义。

云存储属于云计算的底层支撑，通过网络将大量普通存储设备构成的存储资源池中的存储资源和数据服务以统一的接口按需提供给授权用户。通过融合多种云存储技术，大量普通计算机服务器构成的存储集群被虚拟化为易扩展、透明、具有伸缩性的存储资源池，并将存储资源池按需分配给授权用户。授权用户可通过网络对存储资源池进行任意的访问和管理，并按使用内容付费。

云存储将存储资源集中起来，通过专门的软件进行自动管理，无须人为参与。用户可以动态使用存储资源，无须考虑数据分布、扩展性、自动容错等复杂的大规模存储系统技术细节，从而更加专注于自身的业务，有利于提高效率、降低成本和创新技术。

云存储相关概念还包括存储设备、云存储技术、云存储系统、云存储服务等，存储设备、云存储技术、云存储系统、云存储服务的关系如图 3-9 所示。

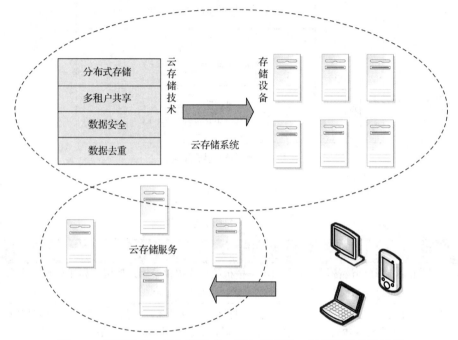

图 3-9　存储设备、云存储技术、云存储系统、云存储服务的关系

云存储系统由大量廉价的存储设备（一般为普通计算机服务器）组成，融合了分布式存储、多租户共享、数据安全、数据去重等多种云存储技术，为用户提供灵活的、方便的、按需分配的云存储服务。云存储技术的核心在于分布式存储。

3. 云存储特点

云存储的特点如表 3-8 所示。

表 3-8　云存储的特点

特点	说明
超大规模	云存储具有相当大的规模，单个系统存储的数据可以达到千亿级，甚至万亿级
可扩展性	云存储的规模可以动态伸缩，满足数据规模增长的需要。可扩展性包含两个维度，第一，系统本身可以很容易地动态增加服务器资源以应对数据增长；第二，系统运维可扩展意味着随着系统规模的增加，不需要增加太多运维人员
高可靠性和可用性	通过多副本复制以及节点故障自动容错等技术，云存储提供了很高的可靠性和可用性

续表

特点	说明
安全	云存储内部通过用户鉴权、访问权限控制、安全通信（如 HTTPS、TLS 协议）等方式保障安全性
按需服务	云存储是一个庞大的资源池，用户按需购买，其计费方式类似于自来水费、电费和煤气费
透明服务	云存储以统一的接口（如 RESTful 接口）的形式提供服务，后端存储节点的变化（如增加节点、节点故障）对用户是透明的
低成本	低成本是云存储的重要目标。云存储的自动容错使得自身可以采用普通的计算机服务器来构建；云存储的通用性使得资源利用率大幅提升；云存储的自动化管理使得运维效率得到提升，运维成本有效降低

4．云存储代表产品

目前已有多款关系型或非关系型的云存储服务，常见的云存储产品主要有腾讯云系列数据库、阿里云关系数据库、亚马逊公司的 DynamoDB、Redshift、SimpleDB，微软公司的 SQL Server、SQL Data Sync，谷歌公司的 Cloud SQL、BigQuery、Cloud Datastore、Rackspace 的 Rackspace 云数据库、MongoLab 的 MongoDB 等，如表 3-9 所示。

表 3-9　云存储代表产品

公司	产品	说明
腾讯	腾讯云系列数据库	云数据库（Cloud Database，CDB）让用户可以轻松在云端部署、使用 MySQL 数据库。通过 CDB for MySQL，用户在几分钟内即可部署可扩展的 MySQL 数据库实例，无须停机即可弹性调整硬件容量的大小。CDB 提供备份回档、监控、快速扩容、数据传输等数据库运维全套解决方案，简化 IT 运维工作
阿里云	阿里云关系数据库	阿里云关系数据库（Relational Database Service，RDS）是一种托管式的关系数据库服务，支持 MySQL、SQL Server、PostgreSQL、PostgreSQL 和 MariaDB 等多种数据库引擎，提供了高可用、可扩展、安全可靠的数据库解决方案。用户可以通过简单的操作，快速创建、部署和管理数据库实例，无须关注底层的硬件和软件配置，从而降低了数据库运维的成本和风险
亚马逊	DynamoDB	DynamoDB 是一个 NoSQL 数据库服务，其所有的数据均存储在固态硬盘上，并复制到 3 个站点，使其成为一个快速且高可用的系统
	Redshift	Redshift 是一个数据仓库服务，使用列存储技术并结合分布式技术，可并行查询所支持的数据集
	SimpleDB	SimpleDB 是一种高度可用的 NoSQL 数据存储，能够减轻数据库管理工作
微软	SQL Server	允许用户直接访问云中 SQL 数据库或在虚拟主机中托管 SQL 服务器实例
	SQL Data Sync	允许用户跨多个 Azure SQL 数据库和本地 SQL Server 数据库同步数据

公司	产品	说明
谷歌	Cloud SQL	Cloud SQL 是一个基于 MySQL 的关系数据库服务，可以作为 SQL Azure 的替代品。Cloud SQL 是与 App Engine 和其他 Google 服务全面而紧密集成的，还支持将数据同步复制到多个站点
	BigQuery	BigQuery 是一个实时大数据分析工具，可以随机查询数十亿条记录数据集
	Cloud Datastore	Cloud Datastore 是谷歌公司产品家族的最新成员，是一个非模式化、非关系数据库服务，支持事务管理。Datastore 是作为 Google 内部存储系统 BigTable 的一个接口，其数据能够复制到多个数据中心并随着流量的增加自动扩容
Rackspace	Rackspace 云数据库	Rackspace 云数据库是一个建立在开源（OpenStack）云计算平台上、全面管理 MySQL 的托管服务，并针对 MySQL 的性能进行了优化。此外，Rackspace 还为 MySQL、Oracle 和 SQL Server 提供了数据库管理服务
MongoLab	MongoDB	MongoDB 是一个开源的、面向文档的数据库系统，可以以二进制的形式存储数据。MongoLab 将 MongoDB 作为一个网关服务提供给用户，MongoDB 可以托管在不同的云平台上，包括 AWS、Rackspace、Windows Azure 以及 Google Cloud Platform

3.4 主流的分布式存储框架

综合来看，大数据时代的到来，引发了数据库架构的变革。以前，业界和学术界追求的方向是一种架构支持多类应用（One Size Fits All），包括事务型应用（OLTP 系统）、分析型应用（OLAP、数据仓库）和互联网应用（Web 2.0）。不同应用场景的数据管理需求截然不同，一种数据库架构根本无法满足所有场景。实践证明，一种架构支持多类应用的理想愿景是不可能实现的，但面对数据量的增多和数据类型的多元化，在架构上采取分布式的存储方法则趋向统一。

因此，在大数据时代，主流的分布式存储框架构形成了传统关系数据库（OldSQL）、NoSQL 数据库和 NewSQL 数据库 3 个阵营，三者各有自己的应用场景和发展空间，主流的数据库包括 MySQL、Hive、HBase、MongoDB、Redis 等。其中 MySQL 属于传统关系数据库，Hive、HBase、MongoDB、Redis 属于 NoSQL 数据库，NewSQL 数据库由于技术相对较新，相比传统数据库，其稳定性和成熟度可能还有待提高，也存在着应用兼容性和开发者生态等方面的挑战，所以本章不对 NewSQL 数据库做介绍。

3.4.1 MySQL

MySQL 是一个关系数据库管理系统（Relational Database Management System，RDBMS），由瑞典 MySQL AB 公司开发，目前是 Oracle 旗下产品。MySQL 所使用的 SQL

是用于访问数据库的最常用的标准化语言。MySQL 软件采用了双授权政策，分为社区版和商业版，由于其体积小、速度快、总体拥有成本低，尤其是开放源码这一特点，一般中小型网站的开发都选择 MySQL 作为网站数据库。MySQL 是一个可移植的数据库，提供开源的可安装在各个操作系统上的安装包，如 Unix 或 Linux、Windows、macOS 和 Solaris。MySQL 是最流行的关系数据库管理系统之一，在 Web 应用方面，MySQL 是理想的 RDBMS 应用软件。

1. MySQL 层次结构

MySQL 在各种系统的底层实现不同，但基本上能保证在各个平台物理体系结构上的一致性。MySQL 插件式的存储引擎架构将查询处理和其他的系统任务以及数据的存储提取相分离。MySQL 的层次结构如图 3-10 所示。

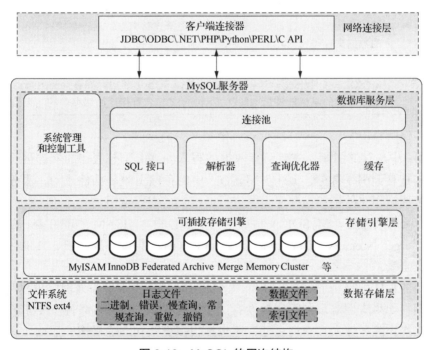

图 3-10　MySQL 的层次结构

MySQL 的层次结构可分为 4 层，分别是网络连接层、数据库服务层、存储引擎层、数据存储层。

（1）网络连接层

网络连接层位于整个 MySQL 体系架构的最上层，主要担任客户端连接器的角色，提供与 MySQL 服务器建立连接的功能，几乎支持所有主流的服务器端语言，如 Java、C、C++、Python 等，各语言都是通过各自的 API 与 MySQL 建立连接。

（2）数据库服务层

数据库服务层是整个数据库服务器的核心，主要包括了系统管理和控制工具、连接池、SQL 接口、解析器、查询优化器和缓存等部分，如表 3-10 所示。

表 3-10　数据库服务层说明

组成	说明
系统管理和控制工具	系统管理和控制工具提供数据库系统的管理和控制功能，例如，对数据库中的数据进行备份和还原、保证整个数据库的安全性、提供安全管理、对整个数据库的集群进行协调和管理等
连接池	连接池主要负责存储和管理客户端与数据库的连接信息，连接池里的一个线程负责管理一个客户端到数据库的连接信息
SQL 接口	SQL 接口主要负责接收客户端发送过来的各种 SQL 命令，并将 SQL 命令发送到其他部分，再接收其他部分返回的结果数据，将结果数据返回给客户端
解析器	解析器主要负责将请求的 SQL 解析成一棵"解析树"，然后根据 MySQL 中的一些规则对"解析树"做进一步的语法验证，确认其是否合法
查询优化器	在 MySQL 中，如果"解析树"通过了解析器的语法检查，那么就会由查询优化器将其转化为执行计划，然后与存储引擎进行交互，通过存储引擎与数据存储层的数据文件进行交互
缓存	MySQL 的缓存是由一系列的小缓存组成的，如 MySQL 的表缓存、记录缓存、MySQL 中的权限缓存、引擎缓存等。MySQL 中的缓存能够提高数据的查询性能，如果查询的结果能够命中缓存，则 MySQL 会直接返回缓存中的结果信息

（3）存储引擎层

MySQL 中的存储引擎层主要负责数据的写入和读取，与底层的文件进行交互，主要包括可插拔存储引擎部分。其中，MySQL 中的存储引擎是插件式的，服务器中的查询执行引擎通过相关的接口与存储引擎进行通信，由引擎索引建立连接，接口屏蔽了不同存储引擎之间的差异。MySQL 支持的存储引擎包括 MyISAM、InnoDB、Federated、Archive、Merge、Memory、Cluster 等，其中 InnoDB 提供事务安全表，其他存储引擎都是非事务安全表。

最常用的存储引擎是 InnoDB 和 MyISAM。InnoDB 用于事务处理应用程序，支持外键和行级锁。如果应用对事务的完整性有比较高的要求，在并发条件下要求数据的一致性，且数据操作除了插入和查询之外，还包括很多更新和删除操作，那么 InnoDB 存储引擎是比较合适的。InnoDB 除了能有效降低由删除和更新导致的锁定，还可以确保事务的完整提交和回滚，对于类似计费系统或财务系统等对数据准确性要求比较高的系统都是合适的选择。如果应用是以读操作和插入操作为主，只有很少的更新和删除操作，并且对事务的完整性、并发性要求不高，那么可以选择 MyISAM 存储引擎。

（4）数据存储层

数据存储层主要是将数据存储在运行于裸设备的文件系统上，并完成与存储引擎的交互。数据存储层主要包括 MySQL 中存储数据的文件系统，与上层的存储引擎进行交互，是文件的物理存储层。文件系统主要包括 NTFS（New Technology File System）、ext4（Fourth Extended File System）等，存储的文件主要包括日志文件、数据文件、索引文件等，其中，日志文件主要包括二进制日志、错误日志、慢查询日志、常规查询日志、重做日志、撤销日志等。

2．应用场景

MySQL 是目前世界上最流行的开源关系数据库，大多应用于互联网行业。例如，国内大家所熟知的百度、腾讯、淘宝、京东、网易、新浪等，国外的主流社交平台也都在使用 MySQL。社交、电商、游戏的核心数据存储往往也是用的 MySQL。目前，MySQL 主要适用于以下应用场景。

（1）Web 网站系统

Web 网站开发者是 MySQL 最大的客户群，也是 MySQL 发展史上重要的力量。MySQL 之所以能成为 Web 网站开发者们青睐的数据库管理系统，是因为 MySQL 数据库的安装配置都非常简单，使用过程中的维护也不像很多大型商业数据库管理系统那么复杂，而且性能出色。还有一个非常重要的原因是 MySQL 是开放源代码的，完全可以免费使用。

（2）日志记录系统

MySQL 数据库的插入和查询性能都非常好，如果设计得好，在使用 MyISAM 存储引擎时，两者可以做到互不锁定，达到很高的并发性能。因此，对需要大批量插入和查询日志记录的系统来说，MySQL 是非常不错的选择，如处理用户的登录日志、操作日志等。

（3）嵌入式系统

嵌入式环境对软件系统最大的限制是硬件资源非常有限，在嵌入式环境下运行的软件系统，必须是轻量级低消耗的软件。MySQL 在资源的使用方面伸缩性非常大，可以在资源非常充裕的环境下运行，也可以在资源非常少的环境下正常运行。MySQL 对于嵌入式环境来说，是一种非常合适的数据库系统，而且 MySQL 有专门针对嵌入式环境的版本。并且，MySQL 的定位是通用数据库，各种类型的应用一般都能利用到 MySQL 存取数据的优势。

3.4.2　Hive

Hive 是基于 Hadoop 的一个数据仓库工具，可以将数据提取、转化、加载、转存到数据仓库中，可以转储、查询和分析存储在 Hadoop 中的大规模数据。Hive 的优点是学习成本低，可以通过 SQL 语句等实现快速 MapReduce 统计，使 MapReduce 的用法变得更加简单，而不必开发专门的 MapReduce 应用程序。Hive 十分适合对数据仓库进行统计分析。

1．Hive 系统架构

Hive 能将结构化的数据文件映射为一张数据表，并提供 SQL 查询功能，将 SQL 语句转变成 MapReduce 任务来执行。Hive 的系统架构如图 3-11 所示。

Hive 的系统架构中主要包括元存储、用户、驱动器、Hadoop 等，具体介绍如下。

（1）元存储（Metastore）。元存储是元数据在用户接口和数据库中流转的中介。用户接口连接 Metastore 服务，Metastore 再去连接 MySQL 数据库来存储元数据。元数据（MetaData）包括表名、表所属的数据库（默认是 default）、表的拥有者、列或分区字段、表的类型（是否是外部表）、表的数据所在目录等。通过 Metastore 服务，可以实现多个用户接口同时连接 Hive，而且这些用户接口不需要知道 MySQL 数据库的用户名和密码，只需要连接 Metastore 服务。

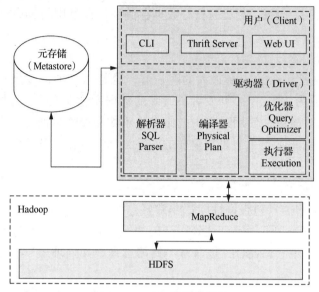

图 3-11　Hive 的系统架构

（2）用户（Client）。用户主要分 3 种，CLI（命令行用户接口方式）、Thrift Server（Java 通过 JDBC/ODBC 访问 Hive 方式）、Web UI（浏览器访问 Hive 方式）。

（3）驱动器（Driver）。驱动器包括解析器（SQL Parser）、编译器（Physical Plan）、优化器（Query Optimizer）和执行器（Execution）等，如表 3-11 所示。

表 3-11　驱动器说明

组成	说明
解析器	解析器将 SQL 字符串转换成抽象语法树（Abstract Syntax Tree，AST），转换的操作一般都用第三方工具库完成，如 ANTLR；对 AST 进行语法分析，如表是否存在、字段是否存在、SQL 语义是否有误
编译器	编译器将 AST 编译并生成逻辑执行计划
优化器	优化器对逻辑执行计划进行优化
执行器	执行器将逻辑执行计划转换成可以运行的物理计划

（4）Hadoop。Hive 数据基于 HDFS 进行存储，使用 MapReduce 程序进行计算。

2. 应用场景

Hive 在 Hadoop 中扮演数据仓库的角色。Hive 添加数据的结构可采取 HDFS，并允许使用类似于 SQL 的语法进行数据查询。Hive 十分适合用于数据仓库的统计分析和 Windows 注册表文件，主要用于静态的结构以及需要经常分析的工作，体现在以下几个方面。

（1）统计网站访问量和独立访客数量等指标

网站访问量和独立访客数量是网站流量统计指标的重要组成部分。原始访问日志表中存在大量的冗余字段，通过 Hive 进行过滤，可将有效的信息放入网站访问量和独立访客数量基础表中，同时也能使用 Hive 进行统计。流量统计是指通过各种科学的方式，准确地记录来访某一页面的访问者的流量信息。网站访问流量统计可以准确地分析访客用户的来源，便于网站管理者根据访客的需求增加或者修改网站的相关内容，从而更好地提升网站转化率，提高网站流量。独立访客数量统计是将每个独立上网设备（以 Cookie 为依据，一天之内相同 Cookie 的访问只被计算 1 次）视为一位访客，统计一天之内（00:00—24:00）访问网站的访客数量。访问量即页面浏览量或点击量，是指用户对网站访问的次数。

（2）多维数据分析

多维数据分析是指按照多个维度（即多个角度）对数据进行观察和分析，多维的分析操作是指通过对多维形式组织起来的数据进行切片、切块、聚合、钻取、旋转等分析操作，以剖析数据。多维数据分析使分析者、决策者能够从多个角度、多个侧面去观察数据、对比数据，从而深入了解包含在数据中的信息和内涵。通过 Hive 提供的分析函数，如 GROUPING SETS、GROUPING_ID、CUBE 和 ROLLUP 等，可以较容易地实现多维数据分析。

（3）海量结构化数据离线分析

海量结构化数据应用场景的特征主要体现为 3 点：一是数据规模大，常见的关系数据库难以存储；二是需要支持很高的读写吞吐与极低的响应延迟；三是数据结构相对简单，无跨数据表的关联查询，数据存储写入不需要复杂的事务机制。Hive 技术具有的历史数据存储和高性价比海量存储数据分析能力，解决了上述的数据存储、访问以及计算问题。

3.4.3　HBase

HBase 是一种分布式、可扩展、支持海量数据存储的 NoSQL 数据库。

1. HBase 系统架构

从 HBase 的底层系统架构来看，HBase 更像是一个多维映射。HBase 的系统架构包括 Region Server、Master、ZooKeeper 和 HDFS，如图 3-12 所示。

（1）Region Server

Region Server 为 Region 的管理者，HRegionServer 是 HBase 中实现 Region Server 角色的类，主要作用如下。

① 操作数据，主要包括 put、delete、get（增、删、查）等命令。

② 操作 Region，主要包括 split Region、compact Region 等方法。

Region Server 中数据存储过程主要涉及的内容如表 3-12 所示。

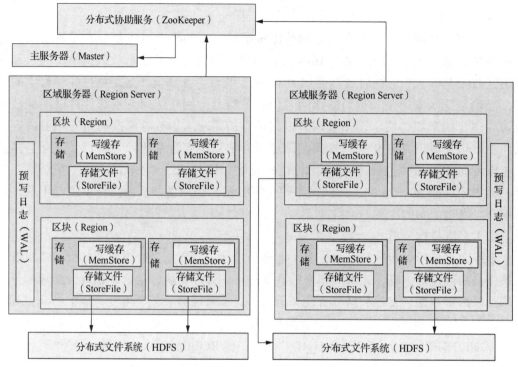

图 3-12　HBase 的系统架构

表 3-12　Region Server 中数据存储过程主要涉及的内容

组成	说明
StoreFile	存储文件，保存实际数据的物理文件，StoreFile 以 HFile 的形式存储在 HDFS 上。每个 Store 会有一个或多个 StoreFile，数据在每个 StoreFile 中都是有序的
MemStore	写缓存，由于 StoreFile 中的数据要求是有序的，所以数据是先存储在 MemStore 中，排好序后，等到达刷写时机才会刷写到 StoreFile 中，每次刷写都会形成一个新的 StoreFile
预写日志 （Write-Ahead Logfile，WAL）	由于数据要经 MemStore 排序后才能刷写到 StoreFile 中，而将数据保存在内存中会有很高的概率导致数据丢失。为了解决数据丢失问题，数据会先写在 WAL 的文件中，然后再写入 MemStore 中。所以在系统出现故障时，数据可以通过日志文件重建

（2）Master

Master 是所有 Region Server 的管理者，其实现类为 HMaster，主要作用如下。

① 操作表，create、delete、alter（创建、删除、修改）。

② 操作 Region Server，分配 regions 到每个 Region Server，监控每个 Region Server 的状态，负载均衡和故障转移。

（3）ZooKeeper

HBase 通过 ZooKeeper 实现 Master 的高可用性、监控 Region Server、存储元数据的统一地址和维护集群配置等工作。

（4）HDFS

HDFS 为 HBase 提供最终的底层数据存储服务，同时支持 HBase 的高可用性。

2. HBase 数据存储结构

HBase 数据存储结构涵盖逻辑结构和物理存储结构，如图 3-13 所示。逻辑上，HBase 的数据模型同关系数据库很类似，数据存储在一张表中，有行有列。但是物理上，数据是以键值对的形式存储的，因为空值不占据存储空间，所以 HBase 很好地解决了稀疏性问题。

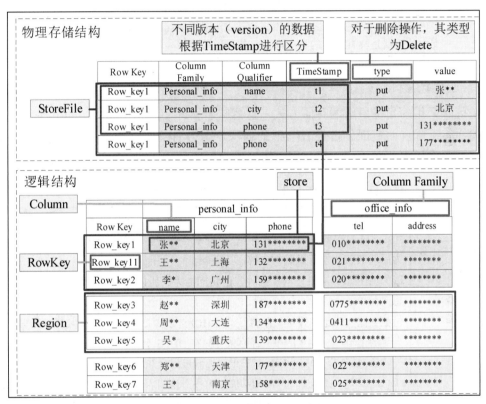

图 3-13　HBase 的数据存储结构图

一个列族（Column Family）包含多个列，在物理结构上一个列族是一个文件夹，一个文件夹中包含多个 store 文件。HBase 的数据模型如表 3-13 所示。

表 3-13　HBase 的数据模型

数据模型	说明
Namespace	命名空间，类似于关系数据库的 DataBase 概念，每个命名空间下有多个表。HBase 有两个自带的命名空间，分别是 hbase 和 default，hbase 中存放的是 HBase 内置的表，default 表是用户默认使用的命名空间
Region	类似于关系数据库的表概念。不同的是，HBase 定义表时只需要声明列族即可，不需要声明具体的列。这意味着往 HBase 写入数据时，字段可以动态、按需指定。因此，和关系数据库相比，HBase 能够轻松应对字段变更的场景

续表

数据模型	说明
Row	HBase 表中的每行数据都由一个 RowKey（行键）和多个 Column（列）组成，数据是按照 RowKey 的字典顺序存储的，并且查询数据时只能根据 RowKey 进行检索，所以 RowKey 的设计十分重要
Column	HBase 中的每个列都由 Column Family 和 Column Qualifier（列限定符）进行限定，例如，{info: name, info: age}。创建表时，只需指明列族，而列限定符无须预先定义
TimeStamp	用于标识数据的不同版本（version），每条数据写入时，如果不指定时间戳，系统会自动为其加上该字段，其值为写入 HBase 的时间
Cell	由 {rowkey, column Family: column Qualifier, TimeStamp} 唯一确定的单元（Cell）。Cell 中的数据是没有类型的，全部是字节码形式存储

3. 应用场景

HBase 采用的是键值对的存储方式，这意味着，即使数据量增大，也几乎不会导致查询的性能下降。而数据分析是 HBase 的弱项，因为 HBase 乃至整个 NoSQL 生态圈基本上都是不支持表关联的。HBase 的应用场景及说明如表 3-14 所示。

表 3-14　HBase 的应用场景及说明

应用场景	说明
用户画像	HBase 通过存储大型的视频网站、电商平台等产生的用户点击行为、浏览行为等，为后续的智能推荐做数据支撑
消息或订单存储	因为 HBase 具有低延时、高并发的访问能力，所以可应用于电商平台，实现消息或订单的存储
对象存储	对象存储实际是中等对象存储，是对 HDFS 存储文件的一个缓冲过程。因为如果大量的 1MB 或 2MB 的小文件直接存储在 HDFS 上，会增加 NameNode 元数据维护的压力，所以可以在 HBase 中很好地做过程合并后再将文件持久化到 HDFS 上。HBase 提供了存储中等对象的功能，中等对象的大小范围在 100KB 至 10MB 之间
时序数据	基于 HBase 可构建适用于时序数据的存储系统，例如，Open TSDB（Open Time Series DataBase）。它就是一个基于 HBase 的时序存储系统，适用于日志、监控打点数据的存储查询
Cube 分析（KyLin）	KyLin 将 Hive 或 Kafka 中的数据用于构建 Cube，该 Cube 会存储在 HBase 中，以供其他的应用或系统做实时查询或实时展示
Feeds 流	Feeds 流是系统实时推送的根据一定规则排序的信息流，主要应用在抖音或其他小视频系统中，可以帮助用户实时获取最新的订阅内容。HBase 的 RowKey 按字典序排序可实现 Feed 消息排序，在获取某用户发布的消息时，通过指定搜索的时间范围以满足时间性要求

3.4.4　MongoDB

MongoDB 是一个基于分布式文件存储的数据库，由 C++ 语言编写，旨在为 Web 应用提供可扩展的高性能数据存储解决方案。MongoDB 是一个介于关系数据库和非关系数据库之间的产品，其支持的数据结构松散，是类似 JSON 的 BSON 格式，因此可以存储比较复杂的数据类型。MongoDB 最大的特点是支持的查询语言非常强大，其语法有点类似于面向对象的查询语言，几乎可以实现类似关系数据库单表查询的绝大部分功能，而且还支持对数据建立索引。当前 MongoDB 官方支持的客户端 API 语言就多达 8 种（C、C++、Java、JavaScript、Perl、PHP、Python、Ruby），社区开发的客户端 API 语言还有 Erlang、Go、Haskell 等更多种类。

1. MongoDB 系统结构

MongoDB 的系统架构如图 3-14 所示。

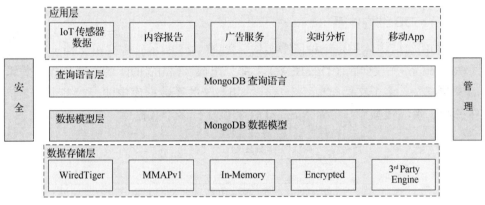

图 3-14　MongoDB 的系统结构

MongoDB 系统结构层次分明，主要包括应用层、查询语言层、数据模型层和数据存储层，如表 3-15 所示，并由安全和管理机制保证各层次之间的调度、处理可靠执行。

表 3-15　MongoDB 系统结构说明

结构	说明
应用层	MongoDB 支持 IoT 传感器数据、内容报告、广告服务、实时分析以及各类移动 App 业务需求
查询语言层	MongoDB 查询语言层，可针对文档做多种类型的查询，支持简单条件查询、范围检索、连接操作、图遍历等。此外，该层还提供复杂处理管道，以支持数据分析和转化
数据模型层	MongoDB 采用灵活的文档模型，是其他数据模型的一个超集。MongoDB 的文档模型允许数据被表示为简单键值对和扁平表结构，可存储多格式的文档及含嵌套数组和子文档的对象
数据存储层	MongoDB 存储架构灵活，提供多种存储引擎。允许前端根据负载、实际应用和操作需求来选择合适的存储引擎以优化处理

MongoDB 与 MySQL 的架构相似，底层都使用可插拔存储引擎，以满足用户的不同应用需求。存储引擎是 MongoDB 的核心组件，负责管理数据如何存储在硬盘和内存上，

MongoDB 支持的存储引擎有 WiredTiger、MMAPv1、In-Memory、Encrypted 和 3rd Party Engine。用户可以根据程序的数据特征选择不同的存储引擎。In-Memory 存储引擎将数据仅存储在内存中，将少量的元数据（MetaData）和诊断日志（Diagnostic）存储到硬盘文件中。由于不需要 Disk 的 I/O 操作就能获取所需的数据，In-Memory 存储引擎大幅度降低了数据查询的延迟。从 MongoDB 3.2 开始，默认的存储引擎是 WiredTiger。WiredTiger 提供了不同粒度的并发控制和压缩机制，能够为不同种类的应用提供最好的性能和存储率。MongoDB 3.2 版本之前的默认存储引擎是 MMAPv1，MongoDB 4.x 版本不再支持 MMAPv1 存储引擎。存储引擎上层是 MongoDB 的数据模型和查询语言，由于 MongoDB 对数据的存储与 RDBMS 有较大的差异，所以 MongoDB 创建了一套不同的数据模型和查询语言。

2. MongoDB 结构体系

MongoDB 的结构体系是一种层次结构，如图 3-15 所示，主要由文档（Document）、集合（Collection）、数据库（DataBase）3 部分组成。MongoDB 的文档相当于关系数据库中的一行记录。多个文档组成一个集合，相当于关系数据库中的表。多个集合扩展、组织在一起，形成数据库。一个 MongoDB 实例支持多个数据库。

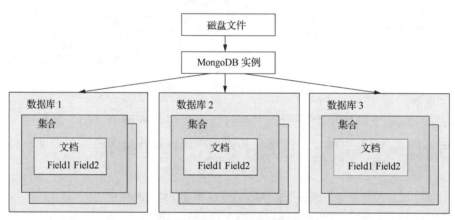

图 3-15　MongoDB 结构体系

MongoDB 数据以文档（对应关系数据库的记录）的形式保存在 MongoDB 中，文档实际上是一个个 JSON 字符串。使用 JSON 可以通过一系列的键值对来表示数据，符合用户阅读习惯。

3. 应用场景

MongoDB 存储方式灵活，存储引擎高效，查询处理快速，适用于数据量大、读写操作频繁、数据价值较低、对事务要求不高的场景，能够有效支持多种实际应用，包括实时分析、日志登记、全文搜索，也可以存储分析网站日志。由于不支持事务概念，所以事务要求严格的系统（如银行系统）是不适合使用 MongoDB 来处理的。MongoDB 的应用场景及说明如表 3-16 所示。

表 3-16　MongoDB 的应用场景及说明

应用场景	说明
游戏场景	使用 MongoDB 直接以内嵌文档的形式存储游戏用户信息、装备、积分等，方便查询、更新
物流场景	使用 MongoDB 存储订单信息、订单状态、物流信息。订单状态在运送过程中飞速更新，以 MongoDB 内嵌数组的形式来存储，一次查询就能将订单所有的变更查出来
社交场景	使用 MongoDB 存储用户信息、朋友圈信息，通过地理位置索引实现附近的人、定位功能
物联网场景	使用 MongoDB 存储设备信息、设备汇报的日志信息，并对日志信息进行多维度分析
视频直播	使用 MongoDB 存储用户信息、点赞互动信息

3.4.5　Redis

Redis 是一个开源、使用 ANSI C 语言编写、遵守 BSD（Berkeley Softuare Distribution）协议、支持网络、可基于内存亦可持久化的日志型键值对数据库，并提供多种语言的 API。Redis 通常被称为数据结构服务器，原因是值（Value）可以是字符串（String）、哈希（Hash）、列表（List）、集合（Set）和有序集合（Sorted Set）等类型。

Redis 与其他键值对缓存产品有以下 3 个特点。

（1）支持数据的持久化，可以将内存中的数据保存在磁盘中，重启时可以再次加载使用。

（2）不仅仅支持简单的键值对类型的数据，同时还提供哈希、列表、集合等数据结构的存储。

（3）支持 Master-Slave（主从）模式的数据备份。

1．Redis 模式

Redis 有 3 种模式，包括 Redis 主从复制模式、Redis 哨兵（Redis Sentinel）和 Redis 集群（Redis Cluster）。其中 Redis 主从复制模式是最常见的模式。Redis 哨兵是为了弥补 Redis 主从复制集群中主机宕机后主备切换的复杂性而演变出来的，其主要作用是监控主从集群，自动切换主备，完成集群故障转移。Redis 官方提供的集群模式是 Redis 集群，其使用 Sharding 技术，实现了高可用、读写分离，也实现了真正的分布式存储。

（1）Redis 主从复制模式

Redis 主从复制模式和 MySQL 的主从复制一样，都是将服务器的数据复制到另一个数据库中，发送的服务器称为主服务器（Master），接收的服务器称为从服务器（Slave），数据只可以从主到从单向传输。每台 Redis 服务器都是主节点，且一个主节点可以有多个从节点（或没有从节点），但一个从节点只能有一个主节点，Redis 主从复制模式示意图如图 3-16 所示。

Redis 复制分为同步（Sync）和命令传播（Command Propagate）两部分操作。

① 同步用于将从服务器的状态更新到和主服务器一致，从服务器主动获取主服务器的数据以保持数据一致。

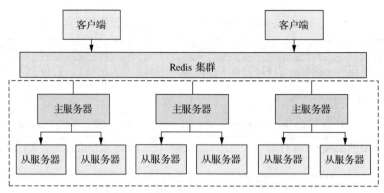

图 3-16　Redis 主从复制模式示意图

②　命令传播是在主服务器数据被修改后主、从服务器不一致，为了让从服务器保持和主服务器状态一致而做的操作。

Redis 复制的流程示意图如图 3-17 所示。主服务器收到同步命令后，生成快照文件，然后发送给从服务器。主服务器收到命令后，数据库数据发生变化，同时将命令缓存起来，然后将缓存命令发送到从服务器，从服务器通过载入缓存命令来达到主从数据一致。

图 3-17　Redis 复制的流程示意图

（2）Redis 哨兵模式

Redis 哨兵模式是一个分布式系统，用于对主从结构中的每台服务器进行监控，当出现故障时通过投票机制选择新的主服务器并将所有从服务器连接到新的主服务器，所以整个运行哨兵的集群的节点数量满足 $2n+1$（$n \geq 1$）个。Redis 哨兵示意图如图 3-18 所示。

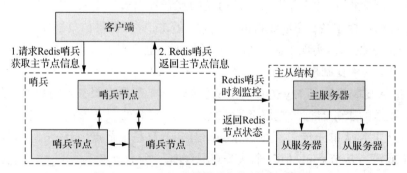

图 3-18　Redis 哨兵模式运行流程示意图

Redis 哨兵模式运行流程是社区版本推出的原生高可用解决方案。Redis 哨兵模式部署架构主要包括两部分：Redis 哨兵集群和 Redis 数据集群，其中 Redis 哨兵集群是由若干哨兵节点组成的分布式集群，可以实现故障发现、故障自动转移、中心配置和客户端通知。

客户端首先请求 Redis 哨兵获取主节点信息，Redis 哨兵本质上是一个运行在特殊模式下的 Redis 实例，只是初始化的过程和工作与普通的 Redis 不同，本质上也是一个单独的进程。Redis 哨兵通过发送命令给多个节点从而监控运行的多个 Redis 实例。当 Redis 哨兵监测到主服务器宕机，会自动将从服务器切换成主服务器，然后通过发布订阅模式通知其他的从服务器，修改配置文件切换主机。通过发送命令，Redis 服务器返回包括主服务器和从服务器在内的主节点运行状态信息，并通过 Redis 哨兵返回给客户端。

（3）Redis 集群模式

Redis 集群模式是一种服务器分片（Sharding）技术，Redis 3.0 版本开始正式提供。Redis 哨兵模式基本已经实现了高可用，但是每台机器都存储相同内容，很浪费内存，因此 Redis 集群模式实现了分布式存储，每台机器节点上存储不同的内容。

Redis 集群节点最小配置为 6 个节点（3 主 3 从），其中主节点提供读写操作，从节点作为备用节点，不提供请求，只在故障转移时使用。Redis 集群模式采用虚拟槽分区，所有的键根据哈希函数映射到 0～16383 个整数槽内，每个节点负责维护一部分槽以及槽所映射的键值数据。

Redis 集群模式引入了主从复制模型，一个主节点对应一个或多个从节点，当主节点宕机时，就会启用从节点。当其他主节点通信连接（ping）一个主节点 A 时，如果半数以上的主节点与 A 通信超时，那么认为主节点 A 宕机了。如果主节点 A 和其从节点 A1 都宕机了，那么该集群就无法再提供服务了。

2. 应用场景

Redis 是一个强大的内存型存储工具，具有丰富的数据结构，使其可以应用于很多方面，包括作为缓存、排行榜、计数器、分布式会话、分布式锁、社交网络、显示最新列表、消息系统等，如表 3-17 所示。

表 3-17　Redis 的应用场景及说明

应用场景	说明
缓存	合理地利用缓存不仅能够提升网站访问速度，还能大大降低数据库的压力。Redis 提供了键过期功能，也提供了灵活的键淘汰策略，因此，现在使用 Redis 的缓存场合非常多
排行榜	很多网站都有排行榜应用，如京东的月度销量榜单、商品按时间上新排行榜等。Redis 提供的有序集合数据结构能实现各种复杂的排行榜应用
计数器	Redis 的计数器功能主要体现在 Web 应用中，例如对电商网站商品的浏览量、视频网站视频的播放数等进行计数。为了保证数据时效，每次用户浏览，计数器都得加 1。并发量高时，如果每次计数都请求数据库操作无疑是一种挑战和压力。Redis 提供的增量（incr）命令用来实现计数器功能，由于 Redis 是内存数据库，incr 操作非常高效，适用于需要快速递增的计数场景

应用场景	说明
分布式会话	在 Redis 集群中，在应用不多的情况下一般使用容器自带的 Session 复制功能就能满足会话需求；在应用、多相对复杂的系统中，一般都会搭建以 Redis 等内存数据库为中心的 Session 服务，Session 不再由容器管理，而是由 Session 服务和内存数据库管理
分布式锁	在很多互联网公司中都使用了分布式技术，分布式技术带来的技术挑战是对同一个资源的并发访问，如全局 ID、减库存、秒杀等场景。并发量不大的场景可以使用数据库的悲观锁、乐观锁来实现，但在并发量大的场合中，利用数据库锁来控制资源的并发访问是不太理想的，会大大影响数据库的性能。这时，可以利用 Redis 的加锁（setnx）功能编写分布式锁，如果返回 1 说明获取锁成功，否则获取锁失败。实际应用中要考虑的细节更多
社交网络	点赞、踩、关注或被关注、共同好友等是社交网站的基本功能。社交网站的访问量通常来说比较大，传统的关系数据库不适合存储非结构类型的数据，而 Redis 提供的哈希、集合等数据结构能很方便地实现存储功能
显示最新列表	在 Redis 列表结构中，LPUSH 命令可以在列表头部插入一个内容 ID 作为关键字，LTRIM 命令可用于限制列表的数量，保证列表永远为 N 个 ID，并保持最新列表
消息系统	消息队列是大型网站的必用中间件，如 ActiveMQ、RabbitMQ、Kafka 等流行的消息队列中间件，它们主要用于业务解耦、流量削峰及异步处理实时性低的业务。Redis 提供了发布与订阅及阻塞队列功能，能实现一个简单的消息系统

小结

本章以实例的形式引入了大数据存储与管理的基本应用场景，介绍了大数据存储与管理的相关概念、传统数据存储技术、大数据时代数据存储技术等，让读者初步了解大数据存储与管理的基本原理和技术演进路线。最后，本章从基本结构、应用场景等方面介绍了 MySQL、Hive、HBase、MongoDB 和 Redis 这几种主流的分布式存储框架，为深入进行大数据存储与管理的实践应用奠定了基础。加快建设网络强国、数字中国，需要推进新型工业化，构建以数据为关键要素的数字经济，大数据存储与管理是最前沿的一环，是开展各项数字化服务、推进数字中国建设的技术底座。

实训

实训 1　MySQL 的安装配置

1．实训目标

通过使用 RPM 包进行 Linux 平台的 MySQL 安装以及配置，掌握 MySQL 基本安装方法，并熟悉 MySQL 配置过程及需要注意的事项。

2．实训环境

（1）15.5 版本的 VMware Workstation。

（2）Linux CentOS 7.8。

（3）1.8 版本的 JDK。

（4）7.0 版本的 Xshell。

（5）8.0 版本的 MySQL。

3．实现思路及步骤

（1）切换到目录/usr/local/。

（2）创建 mysql 文件夹。

（3）切换到 mysql 文件夹下。

（4）下载 MySQL 8.0 安装包。

（5）解压 MySQL 8.0 安装包。

（6）重命名解压出来的文件夹为 mysql-8.0。

（7）在/usr/local/mysql/mysql-8.0 文件夹下创建 data 文件夹以存储文件。

（8）分别创建用户组以及用户和密码。

（9）授权刚刚新建的用户。

（10）配置环境，编辑/etc/profile 文件，执行"source/etc/profile"命令，使配置文件生效。

（11）编辑 my.cnf 文件。

（12）切换到/usr/local/mysql/mysql-8.0/bin 目录下。

（13）初始化基础信息，得到数据库的初始密码。

（14）复制 mysql.server 文件。

（15）赋予权限。

（16）检查一下/var/lib/mysql 是否存在，若不存在则进行创建。

（17）启动数据库，出现 SUCCESS 说明 MySQL 安装完成。

（18）修改密码，并设置远程连接。

实训 2　Hive 的安装配置

1．实训目标

通过对 Hive 进行安装配置，掌握 Hive 基本安装方法，熟悉 Hive 配置过程及需要注意的事项，掌握 Hive 的部署流程及验证方法。

2．实训环境

（1）Linux CentOS 7.8。

（2）1.8 版本的 JDK。

（3）3.1.4 版本的 Hadoop。

（4）8.0 版本的 MySQL。

（5）3.1.2 版本的 Hive。

3．实现思路及步骤

（1）解压安装包到/usr/local/目录下，进入/usr/local/hive/conf 目录。

（2）复制 hive-env.sh.template 为 hive-env.sh 文件，配置 hive-env.sh 文件。

（3）解压 mysql-connector-java-8.0.30.tar.gz，将 MySQL 驱动 mysql-connector-java-8.0.30.jar 上传到/usr/local/apache-hive-3.1.2-bin/lib 目录，并同步 jar 包。

（4）配置环境变量，并使其生效。

（5）在 MySQL 中创建 Hive 数据库，并修改 Hive 数据库编码为 latin1。

（6）确保 Hadoop 已启动服务，在 Linux 命令行初始化元数据库。

（7）启动 Hive 服务，开启 Hive。

（8）在 Hive 界面输入"show databases;"，验证 Hive 安装成功与否。

实训 3　HBase 的安装配置

1．实训目标

HBase 安装部署有 3 种模式，本地模式（不需要 HDFS，文件保存在 Linux 的文件系统中）、伪分布式模式（需要 HDFS）和完全分布式模式（需要 HDFS），此实训主要进行伪分布式模式的安装。通过 HBase 的安装配置实践，掌握 HBase 的伪分布式模式，熟悉 HBase 配置过程及需要注意的事项。

2．实训环境

（1）Linux CentOS 7.8。

（2）1.8 版本的 JDK。

（3）3.1.4 版本的 Hadoop。

（4）3.6.3 版本的 ZooKeeper。

（5）2.4.11 版本的 HBase。

3．实现思路及步骤

（1）提前安装 ZooKeeper、Hadoop，并确保都已启动。

（2）通过 Xftp 将 HBase 文件上传到 Linux 系统中。

（3）解压 HBase 到目录/usr/local，并重命名。

（4）配置环境变量并使之生效。

（5）修改配置文件 hbase-env.sh。

（6）修改配置文件 hbase_site.xml。

（7）修改配置文件 regionservers。

（8）启动 HBase。

（9）查看进程。

课后习题

1．单选题

（1）下列不属于传统数据存储技术的是（　　）。

  A．关系数据库　B．云存储　　　　C．数据仓库　　　　D．并行数据库

（2）下列不属于 MySQL 的结构层次的是（　　）。

  A．数据存储层　B．存储引擎层　C．网络连接层　　　D．物理设备层

（3）MySQL 是一种（　　）。

  A．函数型语言　B．高级算法　　C．关系数据库　　　D．人工智能

（4）分布式存储系统的特征不包括（　　）。

  A．自治性　　　B．低容错性　　C．高性能　　　　　D．高扩展性

（5）云存储作为一种创新服务，是云计算中有关（　　）存储、归档、备份的一部分。

  A．数据　　　　B．信息　　　　C．信号　　　　　　D．数组

（6）MongoDB 是（　　）的 NoSQL 数据库。

  A．键值型　　　B．数据流型　　C．图型　　　　　　D．文档型

（7）下列不属于 Hive 应用场景的是（　　）。

  A．实时的在线数据分析　　　　　B．统计网站访问量

  C．统计独立访客数量　　　　　　D．海量结构化数据离线分析

（8）下列不属于数据存储的方式的是（　　）。

  A．直连式存储　B．网络化存储　C．网格存储　　　　D．云存储

（9）HDFS 为 HBase 提供最终的（　　）数据存储服务，同时为 HBase 提供高可用的支持。

  A．高层　　　　B．底层　　　　C．中间件层　　　　D．应用层

（10）MongoDB 是一个介于关系数据库和非关系数据库之间的产品，是（　　）中功能最丰富的数据库。

  A．数据库　　　　　　　　　　　B．分布式文件系统

  C．关系数据库　　　　　　　　　D．非关系数据库

2．多选题

（1）下列正确地描述了 HBase 特性的是（　　）。

  A．高可用性　　B．高性能　　　C．面向列　　　　　D．可伸缩性

（2）属于云平台服务类型的有（　　）。

  A．基础设施即服务　　　　　　　B．软件即服务

  C．设备即服务　　　　　　　　　D．平台即服务

（3）常见的数据类型包括（　　　）。

    A. 文本　　　　B. 图片　　　　C. 音频　　　　D. 视频

（4）云存储的特点包括（　　　）。

    A. 高可扩展性　B. 超大规模　　C. 可用性较低　　D. 高可靠性

（5）HBase 的物理存储结构包括（　　　）。

    A. ZooKeeper　B. Master　　C. HDFS　　　　D. Region Server

（6）（　　　）属于 Redis 模式。

    A. Redis 主从复制模式　　　　B. Redis 哨兵

    C. Redis 集群　　　　　　　　D. Redis 递归模式

（7）不同的 NewSQL 数据库的共同特点有（　　　）。

    A. 内部结构相同　　　　　　　B. 支持关系数据模型

    C. 使用 SQL 作为主要的接口　D. 采用原子钟实现时间同步

（8）分布式存储系统一般分为（　　　）。

    A. 分布式文件系统　　　　　　B. 分布式键值系统

    C. 分布式表格系统　　　　　　D. 分布式数据库

（9）并行数据库系统的缺点是（　　　）。

    A. 低性能　　　B. 可用性差　　C. 没有较好的弹性　D. 容错性差

（10）传统的数据存储技术包括（　　　）。

    A. 文件系统　　B. 关系数据库　C. 数据仓库　　D. 并行数据库

3. 简答题

（1）简述结构化、半结构化和非结构化数据的异同点。

（2）NoSQL 数据库相比关系数据库有哪些特点？

第 4 章 大数据分析

在大数据时代，人们关注的是如何利用大数据技术挖掘出潜在的商业价值，以及如何在人们的生活中使用大数据技术。相比于传统的线下会员管理、问卷调查、购物车分析，企业可以使用大数据分析对用户行为等信息进行分析、构建用户画像，通过用户画像进一步精准、快速地分析用户行为习惯、消费习惯等重要商业信息，实现精准营销。

本章从个性化用户画像实现精准营销的实例展开介绍，包括大数据实现精准营销、用户画像是什么、构建个性化用户画像；然后介绍大数据分析技术，包括数据分析与数据挖掘、数据认知、数据处理、分析建模和模型评价；最后介绍主流的大数据分析处理框架，包括 Hadoop、Spark、Flink、Storm、Graph。

学习目标

（1）了解大数据分析的概念。
（2）了解大数据分析的方法。
（3）了解主流的大数据分析处理框架。

素养目标

（1）通过大数据分析技术的学习，培养严谨认真的职业素养。
（2）通过学习主流的大数据分析框架，培养学以致用的精神。

4.1 实例引入：个性化用户画像实现精准营销

某用户想购买一辆汽车，由于该用户经常通过某个网站浏览不同品牌和价格的汽车商品简介，因此，用户的浏览记录被存储在该网站后台数据库中，包含浏览的产品价位、汽车品牌、汽车的功能配置参数等。汽车销售的技术人员可以获取用户的基本信息和消费记录，通过大数据分析算法对该用户的个人喜好和购买能力进行分析，最终得到用户可能会购买的汽车品牌信息，精准地推送广告，促使该用户在平台上购买汽车，促成一个订单的产生。

汽车销售的实例中，购车用户的特征可以通过用户的历史浏览数据描绘，形成该用户的用户画像，并依据特征对该用户未来的消费趋势进行预测，把用户可能会购买的商品推荐给用户，实现在大数据时代下的精准营销策略。本节将结合购买汽车的实例，介绍个性化用户画像的构建过程，并分析其后的推荐行为是如何进行的。

4.1.1 大数据实现精准营销

"现代营销学之父"菲利普·科特勒的著作《营销管理》在世界范围内广受欢迎，近60年已出版16个版本，"精准营销"（Precision Marketing）的概念也是他提出的。他认为在精准定位的基础上，依据现代信息技术，特别是近些年发展快速的大数据技术，对企业的营销实施可衡量并且回报率高的精准策略，降低企业的营销成本，提升市场竞争力。精准营销以用户为中心，通过现代化技术手段直接与用户沟通，企业可收集大量的用户数据，借助大数据分析技术，将用户数据加工为有用信息，然后企业利用加工后的信息，为用户推荐个性化产品，使用户享受到专业的客户服务。

精准营销的关键在于如何精准地找到产品的目标人群，再让产品深入用户心坎里，让用户认识产品、了解产品、信任产品到最后依赖产品。传统的营销方式成本大，见效慢。随着网络的发展，互联网精准营销以高性价比的优势，逐渐受到企业的青睐。

以选购汽车为例，为了满足用户的需求，汽车企业应从多个角度进行营销。一方面，将产品做好、做精、做强、生产出更多符合不同用户需求的产品；另一方面，将汽车产品信息传达给目标用户，引领用户的选择，寻找吻合度高、对受众影响大的媒体进行宣传，在访问量较大的网站上推送汽车广告，增大用户点击感兴趣的商品的概率。在网站上推送的汽车车型，由访问该网站的用户特征决定。通过用户画像进行精准营销如图 4-1 所示。如果网站的访问者绝大部分是年轻人，那么推送一款适合年轻人的汽车更能获取到用户的点击，并促成用户下单的行为，有效增加销售量。而如果在该网站上推送一款年轻人不会喜欢的汽车款式，用户很大概率不会去查看，对销售额提升也不会有帮助。

图 4-1　通过用户画像进行精准营销

4.1.2 用户画像是什么

阿兰·库珀（Alan Cooper）最早提出了用户画像（Persona）的概念，认为用户画像是真实用户的虚拟代表，是建立在一系列真实数据之上的目标用户模型。用户画像也称为用户的信息标签。用户画像的主要用途是帮助商家了解用户，对用户了解得越深，刻画出的画像就越准确，用户画像被大量地应用在精准营销和智能推荐领域，是真实世界的用户在网络世界的映射。认识事物要从全局角度去观察，否则会造成认识片面，像盲人摸象一样。大数据能够从不同的角度分析用户的特征，给出用户精准的画像。

大数据时代的用户画像和传统的画像完全不同，传统的用户画像指的是画家利用画笔对人的外貌进行描绘，体现出的是人的轮廓和形态。互联网时代下的用户画像是根据用户社会属性、生活习惯和消费行为等信息抽象出的一个标签化的用户模型，即构建用户画像的核心工作是给用户贴"标签"，标签是通过分析用户数据得到的高度精练的特征标识。

互联网时代的用户画像表现出来的信息更加丰富，信息种类也不局限于视觉特征。凡是能够对用户的特征进行描述的信息，都可以放到用户画像里。大数据算法构建出来的用户画像具有更加丰富的属性，可以被更多的上层应用使用。

通过对用户数据的分析，可以对用户进行画像，给出某个特定用户的相关信息，如年龄区间、从事的职业、婚姻状况、家庭成员、消费习惯、个人爱好、是否从事体育运动、消费习惯、经常购买哪类商品等，凡是合理获取到的信息，都可以作为用户画像的依据，判断用户属于哪类人群，进而对用户的未来行为进行预测。例如，学生用户的画像如图 4-2 所示，某用户在网络上多次浏览和购买学习用品，定位信息经常在学校，可猜测该用户是一名学生，因此可以为该用户打上一个"学生"的标签。

图 4-2 学生用户的画像

4.1.3 构建个性化用户画像

用于构建用户画像的数据，不仅需要数量多，而且还要和业务场景紧密结合。在本章介绍的汽车销售实例中，为了精准地给用户推送汽车广告，首先要对用户进行用户画像，将用户的特征描述清楚，然后再根据画像的特征进行精准营销。如果用户画像勾勒出来的是一个年龄在 20～30 岁的年轻人，从事 IT 行业，平时喜欢选购电子产品，那么可以分析出该年轻人会比较钟情于经济型轿车；如果给出的用户画像是一个对美术比较感兴趣的人，热爱网络小说和文学，偏好人文社科书籍，也热爱音乐和舞蹈，那么可能会对外观设计和内饰风格比较注重，同时也会关注车辆的舒适性和安全性能，感兴趣的可能是运动型多用途汽车的车型。经过构建个性化用户画像，可以得到用户在某个领域的需求、用户的基本特征，还有其主要价值。

1. 构建用户画像

用户画像的主要构建步骤可以分为如下 3 步。

（1）首先需要明确研究的目标，即对哪些用户进行画像。例如，为了研究电商平台用户流失的情况，就要将那些购物体验较差的用户设定为目标用户；如果要研究潜在客户是否能成为正式客户，就要将那些目前还未接触过本产品，但采购了同类型其他品牌商品的用户设定为目标用户。

（2）对目标用户的所有的相关数据进行收集，如用户的性别、职业、年龄、地域、消费层次等基本信息；也可以是用户的行为信息，如浏览记录、搜索过的关键词、发表过的评论等。

（3）通过大数据分析技术，包括描述性统计分析、数据挖掘算法等，为用户贴上相应的标签，标示出用户的兴趣、偏好和需求等。

2. 用户画像实现精准营销

构建好用户画像后，即可对用户需求、基本特征、用户价值进行分析，实现精准营销。

（1）用户需求分析

了解用户需要什么，才能精准地提供用户需要的服务和商品。通过大数据分析实现对用户画像，可以得到准确的用户需求。在移动互联网时代，用户的消费数据不断积累，利用用户消费数据可勾画出用户可能需要哪类商品，用户的需求隐含在其浏览和选购过程中，需要更深层次需求的挖掘，需要对用户的消费习惯进行分析。

（2）用户基本特征分析

用户画像是对一个用户全方位的展示，为了让用户的画像内容丰富，标签要尽量多。用户画像的目的之一是为企业找到目标用户，目标用户是可能要购买企业产品的，并且是有能力购买的。例如，用户购买产品的类型、采购的频率、采购商品的价格、用户所在的区域等基本属性信息就非常重要，了解了基本属性信息，企业可以和用户进行沟通，将产品推荐给用户。

贴标签的重要目的之一是让人能够理解并且方便计算机处理，因此对用户基本信息的分析要能够量化。其中，在做分类统计时，每个标签都作为一个类别，都是人为规定的高度精练的特征标识。例如年龄段标签，用户是年龄 25～35 岁的年轻人，还是年龄 35～50 岁的中年人；地域标签，用户住在北方还是南方。为了保护用户的隐私，信息在采集时会经过脱敏处理。用户画像的标签呈现出以下两个比较重要的特征。

① 标签语义化。企业能很方便地理解每个标签的含义，通过标签的含义可以清晰地了解用户的特征，使得用户画像具备实际意义，能够被使用者有效利用。判断用户偏好的标签，一般为语义化的内容，如某人喜欢吃辣的食物、喜欢红色衣服等，都是易于

理解的语义。

② 短文本。每个标签通常只表示一种含义，标签本身无须再做过多文本分析等预处理工作，为利用机器提取标准化信息提供了便利。建立标签规则，以便机器能够通过标签快速读取信息，方便进行标签提取、聚合分析。

因此，用户画像即用户标签的集合，将通过一种朴素、简洁的方法描述用户的信息和特征。

（3）用户价值分析

在对用户画像时，可以根据大数据分析给出用户的价值特征。用户价值可以理解为用户在系统中的商业变现能力，包括广告价值、付费价值。付费价值是指用户本人的消费，而广告价值也称引流价值，是指用户将产品推荐和介绍给其他好友，带来了新增用户。除此之外，用户的黏性也是价值的体现。

对用户价值的画像是提高精准营销的重要手段，如果没有评价用户价值的标签和标准，就无法使企业的销售最大化。如果不知道用户的价值，那么企业就很难判断什么样的市场策略是最佳的。因为企业不知道用户的价值，所以可能浪费企业的资源，推广也没有效果。假如每一个用户一直都是一样的，有着同样的价值，便不成问题。但是实际情况并非如此，在企业的用户群中，用户的赢利能力是有很大区别的。

目前有很多工具可以对用户价值进行分析，可以通过使用模型对用户价值分类，对用户群体进行细分，区别出低价值用户和高价值用户，进而对不同的用户群体开展不同的个性化服务，将有限的资源合理地分配给不同价值的用户，实现效益最大化。

4.2　大数据分析技术

大数据时代的战略意义不仅在于掌握庞大的数据信息，还在于发现和理解信息内容及信息与信息之间的关系，而大数据分析就是大数据研究领域的核心内容之一。大数据分析是决策过程中的决定性因素，也是大数据时代发挥数据价值的关键环节。大数据分析核心即为挖掘。本节将先介绍数据分析和数据挖掘，然后对大数据分析过程中的关键环节，即数据认知、数据处理、分析建模、模型评估进行介绍。

4.2.1　了解数据分析与数据挖掘

大数据分析和数据分析的概念是类似的，区别在于大数据分析需要处理的数据量巨大，可能涵盖多个数据源，同时需要使用更高级的分析技术和工具。数据分析可以分为广义的数据分析和狭义的数据分析，广义的数据分析包括了狭义的数据分析和数据挖掘。

数据分析的定义是用适当的统计分析方法对收集来的大量数据进行分析，将数据加以汇总和理解并消化，以求最大化地开发数据的功能、发挥数据的作用。数据分析是为了提取有用信息和形成结论而对数据加以详细研究和概括总结的过程。数据分析的数学基础在 20 世纪早期就已确立，但直到计算机的出现才使得实际操作成为可能，而随着计算机的不断发展，数据分析也得以推广。数据分析是数学与计算机科学相结合的产物。

数据分析的目的是将隐藏在一大批看来杂乱无章的数据中的信息集中和提炼出来，从而找出所研究对象的内在规律。在实际应用中，数据分析可帮助人们做出判断，以便采取适当行动。数据分析是有组织有目的地收集数据、分析数据，使之成为信息的过程。在产品的整个生命周期，包括从市场调研到售后服务和最终处置的各个过程都需要适当运用数据分析，以提升有效性。例如，在工业设计中，设计人员在开始一个新的设计之前，要通过广泛的设计调查，分析所得数据以判定设计方向。

数据挖掘是指通过人工智能、机器学习等方法，从大量的数据中挖掘出未知的且有价值的信息和知识的过程。数据挖掘主要侧重解决 4 类问题，即分类、聚类、关联和预测。数据挖掘的重点在于寻找未知的模式与规律，寻找那些事先未知的但又非常有价值的信息，主要采用统计学、人工智能、机器学习等方法进行挖掘。

数据分析是将数据变成信息的方法，数据挖掘是将信息变成认知的方法，如果想要从数据中提取一定的规律，往往需要将数据分析和数据挖掘结合使用。数据分析与数据挖掘的本质都是一样的，都是从数据里面发现关于业务的有价值的信息，帮助使用者改进产品以及帮助企业做更好的决策。数据分析和数据挖掘也是有区别的，数据分析更多关注的是业务层面，而数据挖掘更关注技术层面。本章所使用的数据分析是指广义的数据分析。

4.2.2 数据认知

随着大数据技术和体系的发展，越来越多的人使用大数据技术。大数据技术是以数据为核心的，人们对大数据的认知和传统数据有着很大区别。本小节将从数据质量分析和数据特征分析两方面介绍数据认知。

1. 数据质量分析

随着信息处理技术的不断发展，各行各业已建立了很多计算机信息系统，积累了大量的数据。为了使数据能够有效地支持企业的日常运作和决策，要求数据可靠无误，能够准确地反映现实世界的状况。

数据质量分析的主要任务是检测原始数据中是否存在脏数据，脏数据一般是指不符合要求的数据，包括缺失值、异常值、重复值、不一致的值等。通常情况下，原始数据中都会存在脏数据，数据质量分析是找出脏数据，数据清洗是对找出的脏数据进行修正或丢弃。本小节对数据质量进行 4 个维度的分析，即完整性、准确性、重复性、一致性。

（1）完整性

完整性是指数据信息不存在缺失的情况。数据缺失可能是整个数据的缺失，也可能是数据中某个字段信息的缺失。两者都会造成分析结果不准确。数据完整性是数据质量最为基础的一项评估标准。

缺失值产生的原因如下。

① 有些信息暂时无法获取，或获取信息的代价太大。例如，在医疗数据库中，并非所有患者的所有临床检验结果都能在给定的时间内获取，会致使一部分属性值缺失。

② 有些信息是被遗漏的。可能是因为输入时认为不重要、忘记填写或对数据理解错误等一些人为因素而遗漏，也可能是由于数据采集设备的故障、存储介质的故障、传输媒体的故障等非人为因素而丢失。

③ 属性值不存在。在某些情况下，缺失值并不意味着数据有错误。对一些对象来说某些属性值是不存在的，如一个未婚者的配偶姓名、一个儿童的固定收入等。

（2）准确性

准确性是指数据中记录的信息和数据准确，数据记录的信息不存在异常或错误。数据中出现异常值一般有两种原因，一是数据固有变异性造成的，二是度量或执行错误导致的。

（3）重复性

数据值完全相同的多条数据记录是常见的数据重复情况，还有一种情况是数据主体相同但匹配到的唯一属性值不同，多见于数据仓库中的变化维度表，同一个事实表的主体会匹配同一个属性的多个值。

（4）一致性

数据的一致性指数据之间的逻辑关系正确，不存在语义错误或互相矛盾。数据的不一致性指数据的矛盾性、不相容性，主要发生在数据集成过程中。一致性包括数据定义的一致性、时间的一致性和数据间逻辑关系的合理性。大数据种类繁多，在数据采集时需进行统一的数据定义，便于多种数据集成处理。

2．数据特征分析

科学地分析数据特征是数据分析的基础，对数据分析而言，对数据特征的准确把握是至关重要的。数据特征分析常用的方法有分布分析、对比分析、统计分析、相关性分析。

（1）分布分析

分布分析是指根据数据在坐标图里分布的特点来对数据进行分析的方法。

在生产工作正常的情况下，产品的质量不可能完全相同，但也不会相差太大，而是围绕着一定的平均值，在一定的范围内变动和分布。分布分析是通过分析质量的变动分布状态发现问题的一种重要方法，其常用方法是绘制直方图、箱线图、散点图等。

直方图又称质量分布图，是对收集来的数据进行加工、整理，以此判断生产过程质量水平和不合格品率的一种常用方法。根据直方图可掌握产品质量的波动情况，了解质量特征的分布规律，以便对质量状况进行分析判断。

绘制直方图的一般步骤如图 4-3 所示。

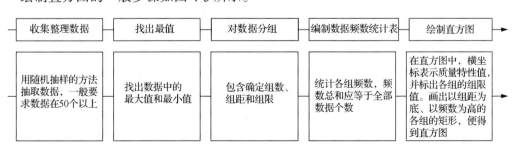

图 4-3 绘制直方图的一般步骤

（2）对比分析

对比分析主要是分析两个相互联系的指标，从数量上展示和说明研究对象的各种关系（规模的大小、水平的高低、速度的快慢等）是否协调，分析其中的差异，从而揭示事物代表的发展变化情况和变化规律。对比分析分为绝对数比较和相对数比较。

① 绝对数比较。利用数据的绝对数进行对比，从而寻找差异的一种方法。例如，通过折线图、柱状图展示数据并查看差异。

② 相对数比较。由两个有联系的数据对比计算，用于反映客观现象中数量联系程度的综合指标，其数值表现为相对数。相对数可分为 6 种，如表 4-1 所示。

表 4-1　相对数种类说明

种类	说明
结构相对数	将同一总体内的部分数值与全部数值进行对比求得比重，用于说明事物的性质、结构或质量
比例相对数	将同一总体内不同部分的数值进行对比，展示总体内各部分的比例关系
比较相对数	将同一时期两个性质相同的指标数值进行对比，说明同类对象在不同空间条件下的数量对比关系
强度相对数	将两个性质不同但有一定联系的总量指标进行对比，用于说明现象的强度、密度和普遍程度
计划完成程度相对数	将某一时期实际完成数与计划数进行对比，用于说明计划完成程度
动态相对数	将同一现象在不同时期的指标数值进行对比，用于说明该现象的发展方向和变化速度

（3）统计分析

统计分析是对定量数据进行统计描述，常从集中趋势度量和离中趋势度量两个方面分析。

① 集中趋势度量。集中趋势度量是指一组数据向某一中心靠拢的倾向，核心是寻找数据的代表值或中心值，通过算数平均数、中位数和众数来度量。集中趋势度量说明如表 4-2 所示。

表 4-2　集中趋势度量说明

度量值	说明
算数平均数	算数平均数是将所有观察值的总和除以总频数之商，简称平均数、均数或均值
中位数	中位数是将一组观察值按从小到大的顺序排列，位于中间的数据
众数	众数是数据集中出现最频繁的值

② 离中趋势度量。离中趋势度量是指一组数据中各数据以不同程度的距离偏离中心的趋势。衡量离中趋势的 4 个度量值分别为极差、分位距、标准差和方差，其中分位距最常用的是四分位距，如表 4-3 所示。

表 4-3　离中趋势度量说明

度量值	说明
极差	极差是最大值与最小值的差值
四分位距	四分位距是上四分位数和下四分位数的差值，一般差值越大，说明数据的变异程度越大，离中趋势越明显
标准差	标准差是方差的算术平方根，度量数据偏离均值的程度
方差	方差，又称为变异数，是表示一组数据离散程度的统计指标

（4）相关性分析

数据相关性是指数据之间存在某种关系，该关系一般通过相关系数来体现，而相关系数就是用于反映变量之间相关关系密切程度的统计指标。

相关系数是研究变量之间线性相关程度的量，是按积差方法计算，以两个变量与各自平均值的离差为基础，通过两个离差相乘来反映两个变量之间的相关程度。常见的相关系数有两类，分别是皮尔逊积矩相关系数（Pearson 相关系数）和斯皮尔曼秩相关系数（Spearman 等级相关系数）。

① Pearson 相关系数。Pearson 相关系数一般用于分析两个连续变量之间的关系，是一种线性相关系数，是衡量向量相似度的一种方法，输出范围为[-1, 1]，其中 0 代表无相关性，负值为负相关，正值为正相关。

② Spearman 等级相关系数。与 Pearson 相关系数类似，如果数据中没有重复值，并且两个变量完全单调相关，Spearman 等级相关系数则为+1 或-1。

4.2.3　数据处理

对海量的数据进行处理时，处理的方式包括数据清洗、数据规约、数据变换，其中数据挖掘的过程中涉及数据变换。数据挖掘的效果受数据质量影响，为提高数据质量，可以对大数据进行数据清洗。从移除错误的角度看，数据规约也能达到数据清洗的效果。本小节将对数据清洗、数据规约和数据变换进行详细讲解。

1．数据清洗

与数据质量分析对应的数据清洗的 4 个方面：缺失值分析处理、异常值分析处理、重复值分析处理、数据一致性分析处理介绍如下。

（1）缺失值分析处理

缺失数据处理的研究分布在统计领域、数据库领域、人工智能领域、机器学习领域、计算科学领域等。本小节不一一展开，仅对统计领域、数据库领域进行介绍。

① 统计领域对缺失值处理的研究由来已久，其处理方法主要分为单一填补法和多重填补法，如表 4-4 所示。

表4-4　处理方法

方法	说明	常见的方法
单一填补法	单一填补法是指对缺失值构造单一替代值进行填补	取平均值或中间数填补法、回归填补法、最大期望填补法、热卡填补法（就近补齐法）等
多重填补法	多重填补法是指用多个值进行填充，产生多个完整数据集，对每个完整数据集分别使用相同的方法进行处理，得到多个处理结果，再综合处理结果，最终得到对目标变量的估计	趋势得分法、预测均值匹配（Predictive Mean Matching，PMM）法等

② 在数据库研究领域对缺失值的处理方法有：使用相似记录的度量方法填补含有空缺值的数据，对于采用对数模型和对数线性模型来填补多维数据集的度量值的缺失数据，利用约束来实现数据立方缺失值填充，利用条件表在关系数据库中填补数据表的缺失数据，采用 K 近邻方法填充缺失数据，利用马尔科夫链蒙特卡洛法实现对数据填充的方法等。

（2）异常值分析处理

在数据清洗领域，主要通过数据审计的方法实现对异常数据的自动发现，其基本步骤主要分为两步。第一步是采用数理统计的方法对数据分布进行概化描述，自动地获得数据的总体分布特征，并以此作为进一步分析的基础；第二步是针对某一特定的数据质量问题进行挖掘以发现异常。

对异常数据处理的常见方法有 3 种。

① 删除。直接将含有异常值的记录删除。

② 填补。将异常值视为缺失值，利用处理缺失值的方法进行处理；也可以利用该异常值前后两个观测值的平均值修正该异常值。

③ 不处理。不处理异常值，直接在具有异常值的数据集上进行数据挖掘。

（3）重复值分析处理

对于重复数据通常采用直接删除的方法进行处理，处理重复值的主要方法是去重，主要目的是保留能显示特征的唯一数据记录。

（4）数据一致性分析处理

当数据出现不一致时，需要对数据进行清洗和集成操作，去除冗余数据、统一变量名、统一数据的计量单位等，并使用最新的数据来消除不一致。

2．数据规约

数据规约技术能在很大程度上移除数据中错误的实例或样本属性，不但能提升数据挖掘的速度，还会提升数据挖掘的准确度。数据规约算法的目的在于从原始数据集合中选出具有代表性的数据子集，从而削减数据的规模。数据规约算法可分为 5 类，即特征选取（Feature Selection）、实例选取（Instance Selection）、离散化（Discretization）、特征提取（Feature Extraction）和实例生成（Instance Generation），说明如表 4-5 所示。

表 4-5 数据规约算法说明

算法	说明
特征选取	用于减少数据的维度,从数据维度的角度出发,目的在于移除数据集合中的不相关或冗余属性,最终选出一个能代表或接近原始集合数据分布的属性子集
实例选取	用于减少数据集合中实例样本数据样本的数量,目的在于选出能代表集合特征的实例子集,其随机选取的方式被称为取样,常用在大体量数据集合中,防止数据的过拟合
离散化	又称作特征简化,用于简化样本属性的描述,是将一种定量化的数据转换为另一种定量化数据的过程,该过程会将数据集合中的数值属性进行离散化处理,转化为在一定区间内的有限数值。在后续的挖掘过程中,可将数据属性当成固定区间内的可计算数值进行处理
特征提取	用于生成新的属性或样本,主要分为线性和非线性提取两种方式
实例生成	实例生成算法除了移除数据集合中的数据,在规约的过程中还会对原始集合中的样本进行改动,抽取多个样本特征,生成更能代表数据特征的新样本

在评价数据规约算法时,一般从缩减比例、加速比、挖掘精度、抗噪声能力和规约速度 5 个方面进行考虑。

3. 数据变换

数据变换是将数据进行转换或归并,通过平滑处理、合计处理、数据泛化、规格化处理、属性构造等方法将数据转换成适用于数据挖掘的形式。数据变换的常用方法说明如表 4-6 所示。

表 4-6 数据变换的常用方法说明

方法	方法说明
平滑处理	帮助去除数据中的噪声
合计处理	对数据进行总结或合计操作
数据泛化处理	用更抽象的概念取代低层次或数据层的数据对象
规格化处理	将有关属性数据按比例投射到特定的小范围之中
属性构造	根据已有属性集构造新的属性,以在数据处理过程中起帮助作用

4.2.4 分析建模

分析建模是挖掘大数据价值的关键,在大数据分析中,常用的分析模式是聚类、分类、回归、关联规则、智能推荐和时间序列模式识别。聚类是一种无监督学习任务,分类是一种对离散型随机变量建模或预测的有监督学习算法,回归是一种对数值型连续随机变量进行预测和建模的有监督学习算法,关联规则能根据项目集的出现频率进行信息挖掘,智能推荐是基于内容或模型的推荐算法实现,时间序列模式识别指对随机变量随着时间变化排列得到的一段序列的研究。

1. 聚类

聚类指的是根据特定标准,将数据集分割成不同类型,使得同一簇内数据对象相似性尽可能大，同一类数据聚集在一起，不同类数据分离。常用算法有 BIRCH 算法、K-Means 算法、期望最大化算法。聚类的常用算法说明如表 4-7 所示。

表 4-7　聚类的常用算法说明

算法	算法说明
BIRCH 算法	利用树结构快速聚类，只需单遍扫描数据集就能进行聚类
K-Means 算法	根据簇的质心将所有样本点归类到距离质心最近的簇中
期望最大化算法	寻找具有潜在变量的概率模型的最大似然解的一种通用方法

在如今的互联网时代中，鼠标的使用非常普遍，各大数码品牌都在精细优化鼠标的性能，鼠标的质量对鼠标的使用寿命起到了决定性作用。根据相似性原则，可以通过 K-Means 算法实现数据集中的鼠标的使用寿命聚合，找出质量较好的一类鼠标，为广大计算机使用者购买鼠标提供参考。

2．分类

分类是一种重要的数据分析形式，根据重要数据类的特征向量值及其他约束条件，构造分类函数或分类模型，目的是根据数据集的特点将未知类别的样本映射到给定类别中。常用算法有朴素贝叶斯算法、支持向量机（Support Vector Machine，SVM）算法、C4.5 算法、CART 算法，分类的常用算法说明如表 4-8 所示。

表 4-8　分类的常用算法说明

算法	算法说明
朴素贝叶斯算法	贝叶斯公式和条件独立假设结合，属性间相互独立
支持向量机（SVM）算法	基于训练集合在样本空间中找到一个用于划分样本的超平面，将不同类别的样本分开
C4.5 算法	通过信息增益率选择属性，产生的分类规则易于理解
CART 算法	一种决策树分类方法，采用基于最小距离的基尼指数估计函数，决定由该子数据集生成的决策树的形态

很多大学都有学校的公共网站，每个同学都可以在网站上发表言论，但是当某条留言出现了不恰当的言论时，网站管理员应该将该言论标识为内容不当并删除，以维持文明的网络社区环境。网站的管理者可通过朴素贝叶斯算法将网站上的留言分为两个类别，即文明类和不文明类，通过删除不文明类留言，实现屏蔽公共网站上的不恰当言论。

3．回归

回归分析法是利用数据统计原理，对大量统计数据进行数学处理，并确定因变量与某些自变量的相关关系，建立一个相关性较强的回归方程，并加以外推，用于预测今后的因变量的变化的分析方法。

回归分析是通过规定因变量和自变量来确定变量之间的因果关系，建立回归模型，并根据实测数据来求解模型的各个参数，然后评价回归模型是否能够很好地拟合实测数据。如果能够很好地拟合，则可以根据自变量进行预测。回归的主要种类有线性回归、曲线回归、二元逻辑回归、多元逻辑回归。回归的主要种类说明如表 4-9 所示。

表 4-9　回归的主要种类说明

回归种类	说明
线性回归	通过使用最佳的拟合直线，建立因变量和一个或多个自变量之间的关系
曲线回归	是对于非线性关系的变量进行回归分析的方法，曲线回归方程一般是用自变量的多项式表达因变量
二元逻辑回归	因变量是分类变量，当因变量为二分变量时使用二元逻辑回归进行回归分析
多元逻辑回归	因变量是分类变量，当因变量为多分变量时使用多元逻辑回归进行回归分析

4. 关联规则

关联规则可以在海量的数据之中发掘出有意义的关联信息，挖掘关联规则的目标是从数据库中找出满足最小支持度阈值和最小置信度阈值的关联规则。关联规则常用算法有 Apriori 算法、FP-Growth 算法，说明如表 4-10 所示。

表 4-10　关联规则算法说明

常用算法	算法说明
Apriori 算法	发现频繁项集，由频繁项集产生强关联规则，此算法扩展性较好
FP-Growth 算法	构建 FP 树，从 FP 树中挖掘频繁项集，此算法挖掘频繁项集较高效

数据分析里有一个经典的案例，超市里经常会把婴儿的尿布和啤酒放在一起售卖，原因是超市管理员通过营业数据发现，出来买尿布的家长以父亲居多，并通过关联规则中的 Apriori 算法发现，尿布和啤酒的关联度较高，即意味着如果父亲在买尿布的同时看到了啤酒，那么将有很大的概率购买啤酒。

5. 智能推荐

随着人工智能技术的成熟，智能推荐（借助大数据和人工智能技术，向用户自动推送特定内容或服务的新兴互联网业态模式）应运而生并广为运用。智能推荐利用算法技术进行信息筛选、分发并通过匹配用户画像定制内容，营造同质信息消费环境和预测需求以满足用户需求，表现出对大众需求预测更加精准、渗透更加隐蔽、导向作用更加明显的特征。在面对新的领域时，需要学会利用智能推荐的思维实现分析和预判，提高解决问题的能力。

目前，常用的推荐算法主要有基于模型的协同过滤推荐算法和基于内容的推荐算法。

（1）基于模型的协同过滤推荐算法。基于模型的协同过滤算法是通过已观察到的用户给产品打分，用机器学习、统计学习和数据挖掘等算法建立评分模型，再根据模型对目标用户给目标项目的评分进行预测。

（2）基于内容的推荐算法。基于内容的推荐算法依靠人工经验来获取项目特征，针对一个项目，即一段文本，用信息检索中的 TF-IDF（Term Frequency-Inverse Document Frequency）算法来计算文本中每个词的权重，将权重靠前的几个词抽出，作为文本的特征向量表示。基于内容的推荐算法将同一用户的多个特征向量表示作为用户的属性，计算多个用户属性的关联度，基于关联度计算得出相关性，将相关性最高的项目推荐给用户。

6. 时间序列模式识别

时间序列指随机变量随着时间变化排列得到的一段序列。根据观察时间的不同，时间序列中的时间可以是年份、季度、月份或其他任何时间形式。时间序列是现实生活中十分常见的变量，如股票交易量和客流量等。

时间序列模式识别研究已成为数据挖掘领域的研究重点，目前时间序列模式识别机器学习方法主要包括基于距离的时间序列模式识别和基于特征的时间序列模式识别等。

（1）基于距离的时间序列模式识别通过计算时间序列数据之间的距离或相似性来识别相似的模式。

（2）基于特征的时间序列模式识别是针对时间序列数据差异性特征，研究时间序列的差异性子段，通过对比时间序列差异性最显著的子段区分序列所属类别。

4.2.5 模型评估

模型的可用性，指的是模型不仅要在过去的数据集中预测准确，还要在未来的数据集中也能够预测准确。通过模型评估可以知道模型的效果，预测结果的准确性，有利于对模型进行修正。模型与算法密不可分，模型需要选择适当的算法进行训练和调优，算法常用的评估指标说明如表 4-11 所示。

表 4-11　算法常用的评估指标说明

算法	指标	说明
分类算法	准确率	准确率是分类算法中最常用的评估指标，它表示正确分类的样本数占总样本数的比例，数值越高越好
	精确率	精确率反映了在所有被预测为正类的样本中，有多少是真正的正类样本，数值越高越好
	召回率	召回率反映了所有真正为正类的样本中，有多少被正确地预测为正类，数值越高越好
	F1 值	F1 值是精确率和召回率的调和平均值，用于平衡精确率和召回率，数值越高越好
	ROC 曲线	ROC 曲线是通过绘制真阳性率（True Positive Rate，TPR）和假阳性率（False Positive Rate，FPR）之间的关系而得到的曲线，TPR 指分类器正确识别正例的能力，FPR 指在所有实际为负例的样本中，模型错误地预测为正例的样本比例，TPR 越接近 1 越好，FPR 越接近 0 表示算法性能越好
	AUC	AUC（Area Under the Curve）是 ROC 曲线下的面积，用于衡量分类器性能。AUC 值越接近 1，表示分类器性能越好

续表

算法	指标	说明
回归算法	平均绝对误差（Mean Absolute Error，MAE）	对于每个观测值，计算预测值与实际观测值之间的差异的绝对值，对所有差异值进行求和，并除以观测值的总数，得到 MAE，MAE 值越小表示模型拟合度越好
	均方误差（Mean Squared Error，MSE）	对于每个观测值，计算模型的预测值与实际观测值之间的差异，并将其平方计算后求和，再除以观测值的总数，得到平均差异值。MSE 值越小表示模型拟合度越好
	均方根误差（Root Mean Squared Error，RMSE）	对于每个观测值，计算模型的预测值与实际观测值之间的差异，并将其平方计算后进行求和，并除以观测值的总数，得到平均差异值后计算其平方根。RMSE 值越小表示模型拟合度越好
	决定系数（R^2）	反映模型对数据的拟合程度，值越接近 1 表示模型拟合度越好
聚类算法	轮廓系数	轮廓系数是衡量聚类效果的一种指标，值越接近 1 表示样本更适合被聚类到其所在的簇，值越低则表示样本在不同聚类之间的边界上
关联规则	支持度	支持度反映了规则在所有事务中应用的频繁程度，数值越高越好
	置信度	置信度表示规则的预测精度，数值越高越好
智能推荐算法	准确率	准确率、召回率和 F1 值是智能推荐算法中最常用的评估指标，数值越高越好
	召回率	
	F1 值	
	平均精确率（Average Precision，AP）	AP 是智能推荐算法中较为常用的一种评估指标，表示在所有被推荐的项目中，用户真正感兴趣的项目占所有推荐项目的比例，数值越高越好
	平均倒数排名（Mean Reciprocal Rank，MRR）	MRR 反映了用户对推荐结果的满意程度，数值越高越好

4.3 主流的大数据分析处理框架

数据分析处理框架负责对数据系统中的数据进行计算，为了更好地满足用户对多样化数据的处理，涌现出了各种各样的分析处理框架。

4.3.1 数据分析处理框架介绍

目前主流的大数据分析处理框架有批处理框架、流式处理框架、图计算处理框架等。运用较多的是批处理和流式处理框架，最早出现的大数据分析处理方式是批处理，批处理是对数据先进行存储再分析处理，是一种集中式的数据分析处理。随着数据不断地变化，流式处理框架的使用逐渐成为一种趋势。流式处理框架将源源不断的数据组成了数据流，只要有新数据就及时处理，不需要做持久性的操作。随着图数据的规模爆炸式增长，处理图数据的图计算处理框架应运而生，图计算处理框架也被认为是新兴数据驱动市场的支撑技术。

1．批处理框架

批处理是对批量的静态数据进行分析处理，从分析处理的结果中获得具体的含义，然后制定相关的决策解决业务问题，得到有效应对策略的操作。在简单的批处理框架中，数据首先存储在硬盘中，然后进入内存并在内存中进行集中分析处理。

批处理具有数据量非常大、数据精确度高和数据价值密度低的特点。批处理的核心技术是 Hadoop，其起源于 BigTable、MapReduce 和 Google File System。

BigTable 是一张稀疏、分布式、持久化存储的多维有序映射表，表的索引是行关键字、列关键字和时间戳。BigTable 分布式数据存储系统是谷歌公司为其内部海量的结构化数据开发的云存储技术，是谷歌公司的第三项云计算关键技术。

MapReduce 是一种编程模型，用于大规模数据集（大于 1TB）的并行运算。MapReduce 是一个基于集群的高性能并行计算平台，允许用市场上普通的商用服务器构成一个包含数十、数百甚至数千个节点的分布和并行计算集群。MapReduce 也是一个并行计算与运行软件框架，其庞大且设计精良，能自动完成计算任务的并行化处理，自动划分计算数据和计算任务，在集群节点上自动分配和执行任务以及收集计算结果。MapReduce 还是一个并行程序设计模型与方法，借鉴了函数式程序设计语言 Lisp 的设计思想，它通过 Map 和 Reduce 两个函数编程，提供了一种简便的并行程序设计方法，以实现基本的并行计算任务。MapReduce 提供了抽象的操作和并行编程接口，使分布式计算任务可以更容易地表达与执行。

Google File System 简称 GFS，是一个可扩展的分布式文件系统，用于大型的、分布式的、对大量数据进行访问的应用，可运行于普通硬件上并提供容错功能。GFS 可以给大量用户提供总体性能较高的服务。

2．流式处理框架

流式处理对数据分析处理的实时性要求严格，不需要对数据做存储工作，在数据到达监控平台后，直接对数据进行分析处理并实时得到反馈结果。

流数据指的是随着时间顺序无限增加的数据序列，也可将其看成是历史数据和不断增加的新数据的并集。流数据主要具有数据实时到达性、数据的无限性、数据的无序性、数据的突发性和数据的易失性 5 个特点。

理想的流式处理框架应该表现出低延迟、高吞吐、持续稳定运行和可伸缩等特点。目前国内外广泛使用的流式处理框架主要有 Spark、Storm、Samza 等，在 4.3.3 小节和 4.3.5 小节将会分别详细讲解 Spark 和 Storm。

3．图计算处理框架

随着社交网络分析、生物信息网络分析、传染病防治和自然语言处理等应用领域的发展，不同领域对图计算应用的实际需求以及大量图数据的特征都给传统计算架构带来了挑战，高性能图计算加速器研发备受关注。为了高效实现图计算任务，研究人员开始设计并实现各种框架促进应用程序开发，并通过硬件设计提高图计算加速器的性能。

4.3.2 Hadoop

2005 年秋天，Hadoop 作为 Lucene 的子项目 Nutch 的一部分，被 Apache 软件基金公司正式引入，其作者为道格·卡廷。Hadoop 最先受到由谷歌实验室开发的 MapReduce 和 Google File System 的启发。2006 年 3 月，MapReduce 和 Nutch Distributed File System（NDFS）分别被纳入 Hadoop 的项目中。

1. Hadoop 技术原理

大数据时代需解决大规模数据的高效存储问题，还需要解决大规模数据的高效处理问题。Hadoop 的框架的核心组件是 Hadoop Distributed File System（简称 HDFS，前身为 NDFS）、MapReduce 和 YARN。HDFS 是分布式文件系统，较好地满足了大规模数据存储需求，通过网络实现文件在多台机器上的分布式存储。MapReduce 基于分布式并行编程框架，是典型的批处理技术，对数据采用"分而治之"的思想，为海量的数据提供计算服务。YARN 是一种新的 Hadoop 资源管理器，负责将系统资源分配给在 Hadoop 集群中运行的各种应用程序，并调度在不同集群节点上执行的任务。

2. Hadoop 生态系统

Hadoop 在不断完善自身核心组件性能的同时，也在不断丰富发展其生态系统。为了应对大数据时代不同应用场景的数据处理，Hadoop 衍生出许多重要的子项目，Hive、HBase、Pig、Sqoop、Flume、ZooKeeper、Spark、Storm 和 Avr，众多子项目共同构成了 Hadoop 生态系统。Hadoop 生态系统说明如表 4-12 所示。

表 4-12 Hadoop 生态系统说明

子项目	说明
Hive	一个数据仓库系统，提供了类似于 SQL 的查询语言
HBase	一种分布的、可伸缩的列式数据库，支持随机、实时读/写访问
Pig	一个分析大数据集的平台
Sqoop	一种可高效传输批量数据的工具
Flume	一种用于高效采集、汇总、移动大量日志数据的服务
ZooKeeper	一种用于维护配置信息、命名，提供分布式同步等的集中服务
Spark	一个开源的数据分析集群计算框架
Storm	一个分布式的、容错的实时计算系统
Avr	一个数据序列化系统

3．Hadoop 技术优势

Hadoop 是一个能够对大量数据进行分布式分析处理的软件框架，且是以一种可靠、高效、可伸缩的方式进行分析处理的框架，具有如下优势。

（1）高可靠性。HDFS 采用了备份恢复机制，MapReduce 中的任务采用了监控机制，Hadoop 按位存储和处理数据的能力值得人们信赖。

（2）可扩展性。Hadoop 是在可用的计算机集群间分配数据并完成计算任务的，集群可以很方便地扩展到数以千计的节点中。

（3）高效性。Hadoop 可以在节点之间动态地移动数据，在数据所在节点进行并行处理，并保证各个节点的动态平衡，因此处理速度非常快。

（4）高容错性。Hadoop 能够自动保存数据的多个副本，并且能够自动将失败的任务重新分配。

（5）经济性。Hadoop 是开源软件，可以运行在成本较低的计算机之上，它由普通的服务器构建的节点组成，因此 Hadoop 的成本比较低。

4．Hadoop 技术劣势

因为 Hadoop 的核心之一是 MapReduce，所以 Hadoop 具有如下劣势。

（1）抽象层次低。实际开发过程中，许多的业务逻辑没有办法从高层撰写相关的逻辑代码，需要去底层手动进行编码。即使是完成一个非常简单的任务，都需要编写一个完整的 MapReduce 代码，然后编译打包运行。

（2）表达能力有限。现实中一些实际的问题没有办法用 MapReduce 的映射和归约环节来解决。

（3）执行迭代操作效率低。对于 MapReduce 来说，MapReduce 本身将整个作业划分成多个阶段进行，每一个阶段完成后将结果写入 HDFS，供下一个 MapReduce 作业阶段调用。高代价的磁盘输入输出，造成了执行迭代操作效率低。

（4）实时性差。MapReduce 计算框架是针对批处理设计的，因此很难在交互查询应用中满足实时性要求。

5．Hadoop 应用场景

很多应用场景都是用 Hadoop 中的分布式文件系统 HDFS 或分布式数据库 HBase 存储数据，用 YARN 资源调度框架，根据需求使用不同的计算框架处理数据。Hadoop 常见应用场景如表 4-13 所示。

表 4-13　Hadoop 常见应用场景

应用场景	说明
在线旅游	目前全球范围内大部分在线旅游网站都在使用 Cloudera 公司提供的 Hadoop 发行版
移动数据	Hadoop 可以处理手机移动网络的信令数据，从各种维度来了解用户使用习惯、交通状况等信息以及向手机客户端提供一些服务。华为对 Hadoop 的 HA 方案以及 HBase 领域有深入研究，并已经向业界推出了自己的基于 Hadoop 的大数据解决方案

续表

应用场景	说明
电子商务	eBay 是最大的实践者之一。国内的电商（如阿里巴巴）利用 Hadoop 技术管理大量的电子商务数据
基础架构管理	用户可以用 Hadoop 从服务器、交换机以及其他的设备中收集并分析数据
诈骗检测	一般金融服务或政府机构会用到。利用 Hadoop 来存储所有的客户交易数据，包括一些非结构化的数据，能够帮助机构发现客户的异常活动，预防欺诈行为
IT 安全	除企业 IT 基础机构的管理之外，Hadoop 还可以用来处理机器生成数据以便甄别来自恶意软件或网络中的攻击
医疗保健	医疗行业也会用到 Hadoop，像 IBM 的 Watson 就会使用 Hadoop 集群作为其服务的基础，并基于此集群开发上层的语义分析等应用。医疗机构可以利用语义分析为患者提供医护人员，并协助医生更好地为患者进行诊断

Hadoop 最初是以离线处理大批量的数据为主，经过十年的发展，其生态系统技术不断完善，使得 Hadoop 在大多数基于大规模离线数据处理的场景中得到了广泛应用，主要包括 ETL、日志分析、数据挖掘与机器学习等场景。

4.3.3　Spark

Spark 是一个强大的分布式处理和易于使用的大数据框架，可以解决各种复杂的数据问题，应用在很多商业机构的生产环境中，有些机构甚至在几十万个节点集群上运行它，操作 PB 级的数据。Spark 的相关介绍如表 4-14 所示。

表 4-14　Spark 的相关介绍

属性	介绍
组件	Spark SQL、Spark Streaming、Spark MLlib 和 Spark GraphX 等
支持语言	Java、Scala 和 Python 等
功能	日志抽取、清洗、转化、加载、SQL 查询、模式识别和机器学习等

Spark 的运行架构如图 4-4 所示，包含 4 个部分，分别是任务控制节点（Driver Program）、集群管理器（Cluster Manager）、工作节点（Worker Node）和执行进程（Executor）。就系统结构而言，Spark 采用主/从模式，包含一个主服务器（Master）和若干个 Worker。当 Spark 需要执行一个应用程序时，SparkContext（Spark 功能的主要入口点）会向集群管理器申请资源，并请求运行执行进程，同时向执行进程发送程序代码，接着在执行器上执行任务（Task）。当运行完毕后，再将执行结果返回给任务控制节点，也可以将结果存储在 HDFS 或 HBase 中。

Spark 是一种与 Hadoop 相似的开源集群计算环境，但是两者之间还存在一些不同之处，使 Spark 在某些工作负载方面表现得更加优越：Spark 不但能提供交互式查询，还可以优化迭代工作负载。

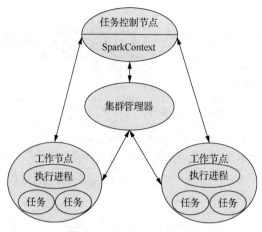

图 4-4　Spark 运行架构

4.3.4　Flink

任何类型的数据都是作为事件流产生的，例如信用卡交易、传感器测量、机器日志、网站或移动应用程序上的用户交互所产生的数据都以流的形式生成。Apache Flink 正是为处理流数据而设计的。

1．Flink 技术原理

Apache Flink 是一个流式处理框架，其分布式的计算模式使其成为一个可伸缩的开源流式处理平台，用于无界数据集和有界数据集的状态计算，其核心模块是一个数据流引擎，主要通过 Java 代码实现。无界数据集和有界数据集的说明如表 4-15 所示。

表 4-15　无界数据集和有界数据集的说明

数据	说明	示例
有界数据集	有界数据集（或称为有界流）是指具有明确开始和结束界线的数据集合，有界数据处理通常被称为批处理	文本文件、MySQL 数据表等
无界数据集	无界数据集（或称为无界流）是指没有明确结束界线的数据集合，这些数据会无休止地产生，无界数据处理通常被称为流处理	服务器信令、网络传输流、实时日志信息等

Flink 功能强大，支持开发和运行多种不同种类的应用程序。Flink 的主要特性包括对流式和批处理的一体化、精细的状态管理、事件时间支持和对状态的唯一一致性保障等。Flink 不仅可以运行在包括 YARN、Mesos、Kubernetes 在内的多种资源管理框架上，还支持在裸机集群上独立部署。在启用高可用选项的情况下，Flink 不存在单点失效问题。

Flink 提供 3 层 API，如图 4-5 所示，从上至下依次为 SQL/Table API、DataStream API、ProcessFunction。层级越高，代码越简洁；层级越低，表达能力越弱。

图 4-5 Flink 的 API

Flink 提供 ProcessFunction 处理来自窗口中分组的一个或两个输入流事件。ProcessFunction 是 Flink 提供的最具表现力的功能接口，提供了时间和状态的细粒度控制，还可以修改其状态并注册将在未来触发回调函数的定时器。因此，ProcessFunction 可以根据许多有状态事件驱动的应用程序的需求，实现复杂的事件业务逻辑。

DataStream API 为许多常见的流处理操作（如窗口化）提供基元，可以通过扩展接口或使用 Java、Scala 中的 lambda 函数进行函数定义。

Flink 具有两个高级分析 API，即 SQL 和 Table API，二者都是用于批处理和流处理的统一 API，即在无界的实时流或有界的记录流上以相同的语义执行查询，并产生相同的结果。SQL 和 Table API 利用 Apache Calcite 进行解析、验证和查询优化。SQL 和 Table API 可以与 DataStream、DataSet API 无缝集成，并支持用户定义的标量、聚合和表值函数。

2．Flink 生态系统

Flink 社区正在努力支持 Catalog、Schema Registries 以及 Metadata Stores，包括在 API 和 SQL 客户端方面的支持，并且正在添加数据定义语言（Data Definition Language，DDL）支持，以便添加表和流到 Catalog 中。此外，在 Flink 社区中还有一个巨大的工作是集成 Flink 与 Hive 生态系统。Flink 和 Hadoop、Spark 一样，是 Apache 软件基金会下的顶级项目，Flink 也有生态系统，Flink 框架中有部署层、核心层、库和 API。其中，API 提供了复杂事件处理（Complex Event Processing，CEP）接口，主要是获取大量流数据中的重要信息。

Flink 和 Spark 一样，提供一个机器学习的库，里面包含许多数据挖掘的算法和机器学习的算法，如支持向量机、回归问题、K-Means 等一些常用算法。

3．Flink 技术优势

Flink 以流数据处理为核心，考虑到 MapReduce 计算框架存在的诸多问题，设计弥补了 MapReduce 不能分析处理实时计算的局限，因此 Flink 优势极为明显，列举如下。

（1）Flink 擅长处理无界和有界数据集。通过精确控制时间和状态，Flink 能够在无界流上运行各种类型的应用程序。有界流由算法和数据结构内部处理，算法和数据结构专为固定大小的数据集而设计，拥有出色的性能。

（2）低处理延迟。Flink 最明显的优势在于充分利用内存的性能，将任务状态始终保留在内存中，如果状态大小超过可用内存，则保存在访问高效的磁盘上的数据结构中。因此，任务通过访问本地（通常是内存中）状态执行所有计算，从而产生非常低的处理延迟。Flink 通过定期和异步地将本地状态检查点持久存储，保证出现故障时状态的一致性。

（3）Flink 旨在以任何规模运行有状态流应用程序。应用程序并行化为数千个在集群中分布和同时执行的任务，因此应用程序可以利用几乎无限量的 CPU、主内存、磁盘和网络输入输出。Flink 很容易保持非常大的应用程序状态，其异步和增量检查点算法可确保延迟的影响最小，同时保证状态的一致性。

（4）Flink 是一个分布式系统，需要计算资源才能执行应用程序。Flink 可与所有常见的集群资源管理器（如 Hadoop YARN、Apache Mesos 和 Kubernetes）集成，也可以设置为独立集群运行。Flink 旨在通过资源管理器的特定部署模式，很好地运作每个资源管理器，这种部署模式允许 Flink 以其惯用方式与每个资源管理器进行交互。

4. Flink 技术劣势

虽然 Flink 处理实时数据的性能要远优于 MapReduce，但大数据时代下很多的数据处理场景是将过去几年或过去几十年的数据从数据仓库中提取出来做批处理。如果数据量超过内存大小，Flink 将不再适用，此时使用 MapReduce 做数据处理更合适。Flink 近几年才流行起来，目前尚不成熟，因此目前的一些设计使得其在适用性方面存在一定的局限性。

5. Flink 应用场景

Flink 因其丰富的功能集而成为开发和运行多种不同类型应用程序的绝佳选择。Flink 可以应用于事件驱动型应用、数据分析、数据管道等方向。

事件驱动型应用是一类具有状态的应用，该类应用从一个或多个事件流提取数据，并根据到来的事件触发计算、状态更新或其他外部动作。Flink 应用于事件驱动型应用的典型场景有异常检测、基于规则的报警、业务流程监控和 Web 应用等。

数据分析任务需要从原始数据中提取有价值的信息和指标，传统的分析方式通常是利用批查询，借助一些先进的流处理引擎，实时地进行数据分析；而 Flink 恰好同时支持流式及批量分析应用。Flink 在数据分析应用中典型的场景有移动应用中的产品更新及实验评估分析、消费者技术中的实时数据即席分析和大规模图分析等。

数据管道以持续流模式运行，支持从一个不断生成数据的源头读取记录，并将数据以低延迟移动到终点，可以用于转换、丰富数据。很多常见的数据转换和增强操作可以利用 Flink 的 SQL 接口实现。Flink 在数据管道中典型的应用场景有电子商务中的实时查询索引构建和电子商务中的持续 ETL 等。

4.3.5 Storm

Apache Storm 是一个分布式的流式处理框架，采用的是事件流的形式，多个输入和处理组件构成一个处理网络，中间的处理结果都存储在内存中，保证数据处理的时效性，有效地满足实时分析的用户需求。

Storm 可以很方便地在一个计算机集群中编写与扩展复杂的实时计算，因此用于实时处理。Storm 保证每个消息都会得到处理，而且处理速度很快，在一个小集群中，每秒可以处理数条百万条消息。

Storm 集群由一个主节点和多个工作节点组成，Storm 集群架构如图 4-6 所示。主节点运行了一个名为"Nimbus"的守护进程，用于分配代码、布置任务及检测故障。每个工作节点都运行了一个名为"Supervisor"的守护进程，用于监听工作、开始并终止工作进程。Nimbus 和 Supervisor 均具备快速失败的能力，而且它们是无状态的，使得它们在运行中更为健壮，两者的协调工作是由 Apache ZooKeeper 来完成的。

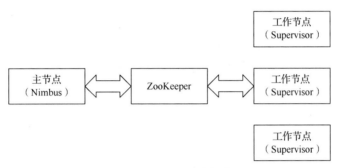

图 4-6　Storm 集群架构

Storm 拥有编程简单、容错性高、可扩展性强、可靠性强、高效等特点。Storm 有许多应用领域，包括实时分析、在线机器学习、信息流处理（可以使用 Storm 处理新的数据和快速更新数据库）、连续性的计算（例如使用 Storm 连续查询，然后将结果返回给客户端，如将微博上的热门话题转发给用户）、分布式 RPC（Remote Procedure Call，远过程调用协议，通过网络从远程计算机程序上请求服务）、ETL 等。

4.3.6　Graph

图（Graph）是用于表示对象之间关联关系的一种抽象数据结构，使用顶点（Vertex）和边（Edge）进行描述，其中，顶点表示对象，边表示对象之间的关系。图计算便是以图作为数据模型来表达问题并予以解决的过程。以高效解决图计算问题为目标的系统软件称为图计算系统。

图计算可以让很多问题处理得更加高效，如最短路径、连通分量等，只有用图计算的方式才能予以最高效的解决。

典型图计算处理框架包括了 Ligra 框架、Gemini 框架和 GraphBIG 框架。

1. Ligra 框架

Ligra 框架是一种经典的单机内存图计算系统，根据图的疏密情况自适应地切换其计算模式，并提供了一种基于边映射、顶点映射以及顶点集映射的并行编程算法。Ligra 框架特别适用于实现并行图遍历算法。

Ligra 框架的图计算单机运行时可以直接将图数据完全加载到内存中进行图计算操作。但是，由于单机的计算能力和内存空间有限，所以 Ligra 框架只能计算和处理一些规模较小的图数据。

2. Gemini 框架

Gemini 框架是一种以计算为中心的图框架体系，其在单机内存图计算系统的高效性和分布式内存图计算系统良好的伸缩性之间找到一种平衡。Gemini 框架根据图框架的稀疏或稠密情况，采用与 Ligra 图框架一致的自适应推/拉处理方式，在内存中采用基于块的图划分操作，进行更细粒度的负载均衡调节。Gemini 框架对整体集群的图数据处理性能的改善较为显著。

Gemini 能够进行文本对话，具备生成图像的能力，这使得 Gemini 在处理自然语言任务方面具有更好的表现。Gemini 的关键设计之一是其图压缩技术降低了内存的消耗，能够根据输入的文字描述生成相应的图像，这一功能在 AI 领域具有重要的应用价值，尤其是在视觉内容创作、设计等领域。此外，Gemini 还可以用于分析图表、创建图形、控制软件等，满足用户在办公和日常生活中的各种需求。

3. GraphBIG 框架

GraphBIG 框架是一组为 CPU 和 GPU 平台开发的基准测试集，利用动态的以顶点为中心的数据表示形式，基于当前主流图框架 OpenGL 建设，并涵盖所有主要图计算类型和数据源，以确保数据表示和图计算负载的代表性，改善之前基准测试工作的不足，并实现通用的基准测试解决方案。

GraphBIG 框架专注于提供高性能的图计算能力。GraphBIG 利用了并行计算和内存优化技术，以实现高效的图算法执行。框架中的算法和数据结构经过优化，能适应大规模图数据集的处理需求。另外，GraphBIG 框架具有良好的可扩展性，可以处理拥有数十亿或数百亿个节点和边的大型图数据集。GraphBIG 框架还支持多种不同类型的图算法，包括图遍历、图分析、图聚类等。GraphBIG 提供了一组通用的接口和算法库，使得用户可以方便地使用和扩展现有的算法，或实现自定义的图算法。

小结

大数据分析技术是大数据技术体系的重点内容，通过大数据分析可以对用户进行精准画像，进而向用户推荐适合的产品，目前大多数的推荐系统都利用了大数据分析。本章介绍了大数据分析技术、大数据分析的主流处理框架。通过大数据分析处理框架，用户可以非常方便地使用经典的数据分析方法。随着数据量和数据类型的增加，大数据分析的技术也会不断地演进。通过本章的学习，读者可以加深对大数据分析的认识，培养逻辑思维和数学能力，并对数据分析和利用有更高层次的认知。

实训

实训 1 Hadoop 伪分布式安装

1. 实训目标

Hadoop 是目前主流的大数据处理分布式架构之一，完成 Hadoop 的搭建是大部分组件的搭建基础，学会 Hadoop 的安装是使用 Hadoop 的首要条件，本实训采用的是伪分布式安装。

2. 实训环境

（1）Linux CentOS 7.8。

（2）1.8 版本的 JDK。

（3）3.1.4 版本的 Hadoop。

（4）关闭防火墙。

3. 实现思路及步骤

（1）在清华大学开源软件镜像站下载 CentOS 7.8 镜像文件。

（2）下载、安装 15.0 版本的 VMware Workstation Pro。

（3）在 VMware 创建虚拟机，并添加镜像文件。

（4）安装 JDK，并配置环境变量。

（5）配置 SSH 密钥。

（6）从官网下载 Hadoop 安装包并上传至 Linux 系统的/usr/local 目录。

（7）解压该安装包，进入/usr/local/hadoop-3.1.4 目录。

（8）配置 Hadoop 伪分布式环境，修改 4 个配置文件 core-site.xml、hdfs-site.xml、mapred-site.xml、yarn-site.xml。

（9）配置 Hadoop 环境变量，修改 hadoop-env.sh 文件。

（10）格式化并启动 Hadoop。

（11)测试是否安装成功，可使用浏览器进入 HDFS 的 Web 监控端口（主机 ip:9870）。

实训 2　Spark 伪分布式安装

1. 实训目标

Spark 可以进行批处理、流处理，也可以进行数据分析、建模、图处理。Spark 提供了大量的机器学习库，学会 Spark 的伪分布式安装，可方便地为学生提供做数据分析的平台。

2. 实训环境

（1）Linux CentOS 7.8。

（2）1.8 版本的 JDK。

（3）3.1.4 版本的 Hadoop。

（4）3.2.1 版本的 Spark。

3. 实现思路及步骤

（1）下载解压 Spark 安装包到/usr/local 目录。

（2）配置 Spark 环境变量，修改 profile 文件，并使其生效。

（3）进入 Spark 配置目录$SPARK_HOME/conf/，配置 Spark 参数，修改 spark-env.sh、slaves 文件。

（4）启动 Hadoop 进程。

（5）启动 Spark 进程。

（6）测试是否安装成功，可使用浏览器进入 Spark 的任务提交端口（主机 ip:7077）。

实训 3　Flink 的安装配置

1. 实训目标

Flink 以流数据处理为核心，能处理较多的计算，吞吐量比 Storm 大，现在已经有很多公司在使用 Flink 作为实时大数据的流式处理平台，学会 Flink 的安装技能对学生的未来职业发展是有所助益的。

2. 实训环境

（1）Linux CentOS 7.8。

（2）1.8 版本的 JDK。

（3）3.1.4 版本的 Hadoop。

（4）1.10.1 版本的 Flink。

3. 实现思路及步骤

（1）下载 Flink 安装包，上传至 Linux 系统，解压到/usr/local 目录。

（2）配置 Flink 环境变量，修改 profile 文件。

（3）修改配置文件$FLINK_HOME/conf/flink-conf.yaml。

（4）进入 Flink 安装目录下的 bin 目录，执行命令"start-cluster.sh"启动 Flink。

（5）测试是否安装成功，可使用浏览器进入 Flink 的 Web 可视化端口（主机 ip:8081）。

课后习题

1. 单选题

（1）下列有关大数据用户画像的描述中，正确的是（　　　）。

    A. 用户画像的内容只能是和用户相貌相关的内容

  B. 用户画像的内容可以包含任何与用户相关的信息，例如个人信息、兴趣爱好等

  C. 用户画像的目的是方便信息安全人员识别出每个用户的特征，防止用户违法犯罪

  D. 用户画像的过程只要获取了用户的个人信息就足够了，不需要其他的用户相关信息

（2）大数据分析可以得到用户的价值特征，用户价值可以理解为用户在系统中的商业变现能力，用户本人的消费是指（   ）。

  A. 广告价值   B. 推广价值   C. 付费价值   D. 引流价值

（3）下列不属于图计算处理框架的是（   ）。

  A. Ligra   B. Gemini   C. Storm   D. GraphBIG

（4）Hadoop 的作者是（   ）。

  A. 马丁·福勒   B. 道格·卡廷   C. 肯特·贝克   D. 格蕾丝·霍普

（5）下列关于 MapReduce 说法不正确的是（   ）。

  A. MapReduce 是一种计算框架

  B. MapReduce 来源于谷歌公司的学术论文

  C. MapReduce 程序只能用 Java 语言编写

  D. MapReduce 隐藏了并行计算的细节，方便使用

（6）下列算法中属于分类算法的是（   ）。

  A. BIRCH 算法   B. K-Means 算法

  C. 期望最大化算法   D. 朴素贝叶斯算法

（7）下列算法中属于关联规则常用的算法的是（   ）。

  A. CART 算法   B. FP-Growth 算法

  C. 支持向量机 SVM 算法   D. C4.5 算法

（8）下列用于减少数据的维度的数据规约算法是（   ）。

  A. Discretization   B. Instance Selection

  C. Feature Selection   D. Instance Generation

（9）数据质量分析的主要内容是（   ）。

  A. 检测原始数据中是否存在脏数据

  B. 数据集成

  C. 数据变换

  D. 数据规约

（10）在评价数据规约算法时，一般从 5 个方面考虑，不包括（   ）。

  A. 缩减比例   B. 挖掘精度   C. 加速比   D. 样本属性

2．多选题

（1）下列选项表述正确的是（   ）。

A. 数据分析是将数据变成信息的工具

B. 只有用数据清洗的方式才能移除数据中的错误

C. 数据处理的方式中不包括数据规约

D. 数据挖掘是将信息变成认知的工具

（2）下列属于 Spark 的运行架构的是（   ）。

A. 任务控制节点   B. 集群管理器

C. 工作节点   D. 执行进程

（3）典型图计算框架包括了（   ）。

A. Hive   B. Ligra   C. Gemini   D. GraphBIG

（4）Hadoop 的技术优势有（   ）。

A. 可扩展性强   B. 抽象层次高   C. 实时性高   D. 高容错性

（5）目前国内外使用广泛的流式处理框架主要有（   ）。

A. Pregel   B. Storm   C. Spark   D. Samza

（6）流数据的主要特点是（   ）。

A. 数据的无限性   B. 数据的无序性

C. 数据的突发性   D. 数据的易失性

（7）对数据进行质量分析时的分析维度有（   ）。

A. 完整性   B. 准确性   C. 一致性   D. 有序性

（8）数据探索与预处理是数据挖掘建模流程之一，下列属于其中间流程的操作是（   ）。

A. 关联分析   B. 时序分析

C. 异常值和缺失值的处理   D. 数据变换

（9）下列数据分析算法中属于有监督学习算法的是（   ）。

A. 聚类   B. 分类   C. 回归   D. 智能推荐

（10）下列属于回归的算法是（   ）。

A. 线性回归   B. 曲线回归   C. 二元逻辑回归   D. 多元逻辑回归

3. 简答题

（1）目前主流的大数据分析处理框架有哪些？请简要介绍。

（2）大数据分析中，为了提高数据质量，需对数据进行数据清洗，请简述数据清洗时需要考虑哪几个方面。

第5章 数据可视化

随着大数据时代的到来，可视化技术越来越多地被人们用于理解和分析数据，以获悉数据背后的规律。可视化技术将符号或数据转变为几何描述，为大数据分析提供了一种更加直观的理解分析与展示手段，有助于发现其中蕴含的规律，在各行业得到了广泛应用。

本章从某机场数据可视化大屏的实例展开介绍，然后介绍数据可视化图形设计、数据可视化主要技术，最后介绍主流的数据可视化工具。

学习目标

（1）了解数据可视化的基本概念。
（2）了解数据可视化未来的发展方向。
（3）了解一般的数据可视化图形设计流程。
（4）了解数据可视化主要技术。
（5）了解主流的数据可视化工具。

素养目标

（1）通过学习可视化技术，培养持续学习的精神。
（2）通过学习数据可视化工具，用科学的研究理念来指导实践，培养科学求真的精神。

5.1 实例引入：某机场数据可视化大屏

2020年，中国民用航空局发布了建设"平安、绿色、智慧、人文"四型机场的行动纲要，其中"智慧机场"是指建设生产要素全面物联、数据共享、协同高效、智能运行的机场。新基建是提供数字转型、智能升级、融合创新等服务的基础设施体系，包括信息基础设施、融合基础设施、创新基础设施。基础设施创新有利于大家用新眼光观察问题，用新思路分析问题，用新方法解决问题。某机场是一座符合新基建标准的国际机场，其中的数据可视化大屏是点睛之笔，如图5-1所示。

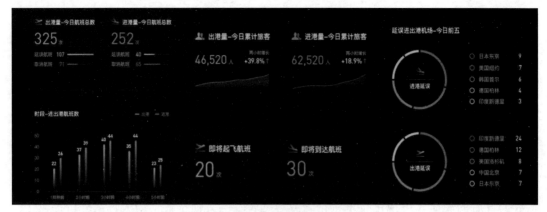

图 5-1　某机场数据可视化大屏

该大屏通过大规模数据可视化、时序数据可视化技术实现了交互式数据可视化。机场的可视化大屏能够更好地捕捉机场内外的实时信息，推进了"智慧机场"的建设，充分体现了现代可视化技术所具有的特点，即智慧性、即时性、交互性。以某机场数据可视化大屏作为切入点，我们能够更好地了解数据可视化的主要技术、熟悉目前主流的数据可视化工具。

5.1.1　大屏显示的应用领域和行业

数据可视化大屏是大数据处理和分析的热门应用之一，它可以将大量的数据进行可视化展示，使得数据在时间和空间上更具有可读性和可操作性。通过数据可视化大屏，可以快速有效地理解数据之间的关系，从而更好地掌握数据的内在规律。大屏幕显示系统是集多种信息接收处理显示、多类人员操作控制于一体的多媒体互动系统，可以将数据可视化的结果以大屏幕的形式展示出来，涉及声、光、电多方面技术问题，也会涉及多个部门的管理协调问题，还与使用场所结构密不可分。目前大屏幕显示系统广泛应用于通信、电力、军事指挥、工业过程控制等领域。大屏幕显示系统在日常生活中也有广泛的应用，如多媒体课堂教学、电视节目播放、视频监控等。

大屏幕显示系统作为数据可视化的一种工具，在某机场建设"智慧机场"的过程中得到了成功应用，大家可以通过某机场数据可视化大屏案例对大屏幕显示系统有更深入的理解。

5.1.2　机场数据可视化大屏设计

机场数据可视化大屏是专门为机场监控中心量身打造的大屏解决方案，该设计基于机场场景，增加了一些特色功能。

一方面，机场大屏数据可视化适用于对机场内部的信息进行精准监控，包括对机场内的交通工具开展即时的精准定位，以及速率信息内容的传回、车辆追踪、运动轨迹回看、越界警报、限速警报、安全事故剖析等，从而确保机场场景安全、提高机场吞吐量。

另一方面，机场大屏数据可视化会实时播报飞机航班运作的实况。机场大屏数据可视化系统软件应融合大数据技术，对航运本机场的飞机航班、本省甚至全国与本机场关联的飞机航班做可视化展现，确保机场飞机航班安全运作。

某机场三维实景图如图 5-2 所示，为实现机场运维管理，可视化大屏系统结合地理信息系统，应用三维仿真技术，对机场飞行区、航站区等关键区域进行全方位三维实景展现。针对飞行区站坪进行实时监控，动态展示机场站坪全景，对跑道开闭状态、当前航班运行状态、场内车辆运行状态、登机桥运行状态实现全方位动态监视。

图 5-2 某机场三维实景图

5.2 数据可视化图形设计指南

人对事物的认知和对世界的了解大多基于视觉。当代著名艺术家徐冰在其作品《地书》中运用图形的设计打破了文化之间的差异和语言交流的障碍，准确地传达出信息，做到了完美的信息可视化。《地书》的成功说明了数据可视化图形设计并没有固定的范式，在不影响传递信息的基础上要积极探索、勇于创新。数据可视化是通过视觉语言将数据表达得更为直观明了，从而让用户快速获取信息。可视化技术可以提高人们直观上获取信息的能力。本节将讲解数据可视化、数据可视化的发展方向，然后对可视化图形设计进行介绍，包括基础图表、一般的数据可视化图形设计流程。

5.2.1 了解数据可视化

一般而言，可视化指将抽象之物形象化。所谓一图胜千言，研究表明，人每天所接收的信息大部分是通过视觉获得的，可视化将不可见的事物（如气流）通过可见的形式表达，从而让人可以去观察和理解相应事物，获得更多信息。

数据可视化分析是利用形象思维将大规模、高维度、多种类数据映射为高清晰度、多维交互、大屏拼接的视觉符号，帮助人们从中发现规律的同时更高效地认知数据，是发现数据所反映的实质的科学技术分析手段。

数据可视化主要包括文本可视化、网络可视化、时空数据可视化和多维数据可视化等。随着计算机技术的发展，交互式可视化逐渐成为除上述可视化方向之外的新研究热点。交互式可视化是计算机科学领域的专有名词，其专注于图形可视化，并改进访问信息或交互信息的方式。交互式可视化的常见示例涵盖从地理街道地图到网站使用趋势、从社交媒体动态到全球互联网活动的所有内容。工具面板通常由仪表板或用户控制面板组成，包含要测量的关键元素。仪表板通常以不同格式排列各种信息块。数据可视化技术可以提供图形和数字信息让用户进行分析。

5.2.2　数据可视化的发展方向

数据可视化是近年来不断发展的交叉学科，是艺术和科技的融合。技术与时俱进，把握技术的发展方向，需要用发展的理念引领新的发展，适应新的形势，推动新的实践。数据可视化注重视觉表达、交互方式和人的心理感知，通过合理运用心理学、图形设计等知识展现数据并有效传达其隐含意义。

纵观最近几年国内外大部分数据可视化的著作和论文资料，可视化在学术界的优秀成果涵盖城市数据可视化、科学可视化、图可视化、高维数据可视化、人机交互（Human-Computer Interaction，HCI）、AR/VR、数据叙事、可视化分析等多个方面。

可视化是一个高度综合的交叉型领域，随着时代与技术的发展，可视化的深度和广度同样在不断扩展。大量的研究专注于搜集与分析过去和现在的事件，研究如何利用现在的科技更好地展示数据，优化人机互动；利用现有的信息寻找未来可能发生的事情。除了让用户获取已有的信息，帮助用户及时预测之后发生的事情，识别和描述未来事件，让用户未雨绸缪、及时准备，也应该是一个新的研究方向。

现在数据可视化研究的内容包括大规模科学数据可视化、城市数据可视化、灵活构建可视化、新闻数据可视化、生物医学领域数据可视化分析、文化遗产应用数据可视化、理解和诊断深度学习模型等多种方向。变化无时不有，变化无处不在。时代在飞速发展，社会在不断进步，唯一不变的就是变化本身。只有紧跟时代步伐，才能不断与时俱进。

以下通过对旅游行业、电商行业、教育行业 3 个不同领域的案例进行介绍，探讨可视化分析的发展方向。

1. 旅游行业

"旅游大数据"是指在旅游的"食住行游购娱"六要素领域所产生的数量巨大、快速传播、类型多样相关（结构化数据和非结构化数据）、富有价值的数据集合。可以对其通过大数据技术进行数据相关性分析和数据可视化，从而使服务游客的决策更加有效、便捷，提高游客满意度。通过大数据技术来升级旅游服务水平、改善旅游产品体验、提高旅游效率，呈现出旅游管理数据化、旅游服务个性化、旅游景点智能化、旅游安全可视化等新型管理模式，同时也使得游客在旅游过程中变得更加愉悦。

　　景区综合管理服务平台是一个利用数据可视化技术分析旅游大数据的具体应用，其统计景区内外客流数据，包括实时客流、客流总数、区域客流排名、新老客户占比、游客停留时长、各时段客流、历史客流等，并以图表的形式直观展示。监测人员可以实时查看对应监测点的客流，通过对全景区重点客流监测区域的实时监测和预警处理，提高预警处置能力；通过景区内流量数据分析，优化景区内服务设施配置，提升服务质量。

　　（1）旅游热点可视化如图 5-3 所示，结合"游客分布分析""当前各景点流量统计"等数据项分析景区内的热点区域，使用高亮的样式标识游客热点集中地区，方便景区管理者直观地确定需加大管理力度的目标区域。旅游热点可视化分析能够帮助旅游监管部门树立好行业典范，以及帮助政府部门做好旅游热点所涉及的区域内餐饮、酒店、娱乐各企业的集约化管理，提高城市形象和旅游品牌知名度。

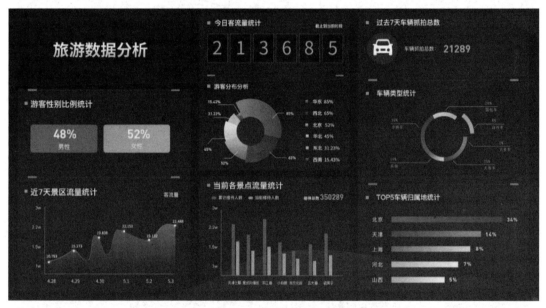

图 5-3　旅游热点可视化

　　（2）游客画像可视化如图 5-4 所示，通过设置"年度游客对比统计""游客渠道来源""消费业态占比""来源城市排行""游客年龄分布""实时入园游客数""线上功能使用分析""团散比例"等数据项对游客进行画像，通过对数据项的分析，能为不同人群开发针对性的旅游产品，从而提高旅游收入，为旅游管理部门对游客量大的地区及省份给予政策倾斜提供数据依据，也可帮助行业内商家制定更为科学合理的旅行方案，做到资源合理整合、提高收益率。

　　（3）景区管理可视化如图 5-5 所示，结合实时的游客流量数据和"旅游单位数量与产值分布"等数据，管理者能够确定景区内的重点监测区域，排除重点区域的安全隐患，方便景区管理，降低管理成本，避免发生重大安全事故。

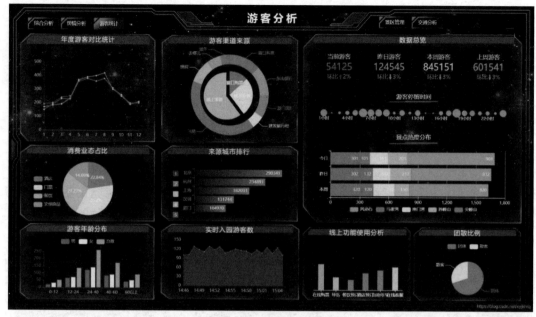

图 5-4　游客画像可视化

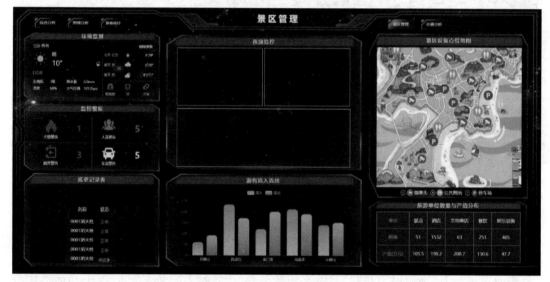

图 5-5　景区管理可视化

2. 电商行业

电商企业运转过程中会产生大量数据，从海量数据中提取有效信息是电商企业发展的需求。而图形、图表等展示方式可在几秒内提供有效信息，决策者可以通过电子商务可视化系统来实现实时管理，获得数据驱动的洞察力，以便做出更好的决定。电子商务系统的可视化主要包括以下内容。

（1）全系统可视。完整意义上的电子商务系统可视化包括可视化采购、可视化仓储、可视化中转运输和配送以及可视化销售等子系统。可视化贯穿在供应链的各环节，各环节的可视化构成了全系统的可视化。

（2）全程可视。在采购入库、批发出库、配送入户、商品调剂及销售的过程中，管理人员都能够准确地获取或传递信息，通过网络信息平台监控物流运转，从而为实施精确的物资补充提供可靠保证。

（3）实时可视。电商商品类型多，尤其是以零售为主的电商商品类型数以万计，商品流动范围广、速度快，直接面对下游需求方。通过实时可视，电商企业能够实时获取某一时段的商品流动信息，为企业决策提供可靠的依据。

（4）双向可视。电商企业和客户双方都可以通过网络非常方便地查询所需信息，双方很清楚商品的移动位置。

某电商销量数据分析可视化大屏如图 5-6 所示，呈现了某电商平台的销量信息数据，如"近七日销量""资金储备使用情况""各季度销量"等。目前，大部分电商都能提供货物网上跟踪业务，超时空、跨地域的物流信息实时传输同时也扩大了电商企业的影响范围，有力地促进了网络消费。另外，电子商务系统的可视化根据企业经济活动的需要，还被赋予了新的功能，如税费缴纳、资金结算、效益核算以及多种经济预测等，能够直接为电商企业提供更加方便、快捷和更加自动化、智能化的服务。

图 5-6　电商销量数据分析可视化大屏

可视化信息系统的创立可以说是物流行业的又一次技术革命，使物流管理手段由信息化逐步向智能化方向发展，物流效率和效益进一步提高，可以与电子商务结合得更加紧密。因此，对于电子商务企业来说，拥有可视化的物流信息系统在某种意义上比拥有若干车队、仓库的实体物流资源更为重要，毕竟实体物流资源相比可视化的信息系统更容易从社会上获得。

3．教育行业

大数据与教育核心业务的融合，将成为驱动新一轮教育改革与发展的动力。未来教育大数据将呈现教育数据的开放程度不断提升、教育数据资产规模逐渐壮大、教育数据创新应用效应逐步扩大、教育大数据行业生态逐步完善、教育大数据专门人才培养备受重视等发展趋势。而同时，社会企业等第三方的参与，为教育行业提供了更多专业的技术与创新方式，让大数据和教育的结合有了更多可能。通过对数字化教育资源进行可视化分析，可以更加直观地了解教育领域的研究趋势，为教育数字化转型提供理论基础。

教育资源可视化如图 5-7 所示（示例图片为模拟数据），通过结合"教职工社保情况""教师人数""学生人数""招生数量"等数据项对我国目前的教育资源进行数据可视化分析，对比不同地区的教育资源分配情况，为未来进一步优化教育资源配置提供数据支持。

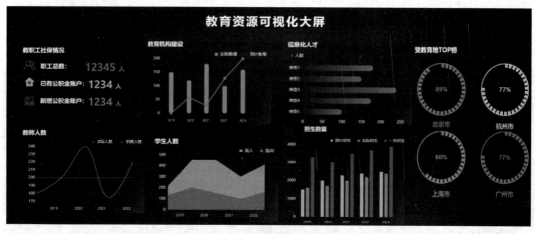

图 5-7　教育资源可视化

5.2.3　基础图表

数据可视化有很多类型的图表，如常见的柱状图、饼图、折线图、散点图和气泡图，还有特殊用途的漏斗图、甘特图、核密度图、箱线图、热力图等，不同类型的图表在不同的数据表示中有各自的优势，一些常见的图表说明如下。

（1）柱状图。柱状图可以通过垂直或水平条显示维度字段的分布。柱状图能直观地表现出各组数据的差异性，最适合比较不同类别的数据大小，但不太适合数据集较大的数据。同柱状图一样，横向柱状图和堆叠柱状图也经常用于数据间比较。

（2）饼图。饼图通过比例的形式来显示局部和整体之间的大体关系。饼图的每个部分都标有标签，进而可以用于直观显示各项占总体的比例，适用于具有整体意义的各项相同数据。但是饼图的缺点也比较明显，其数据分类不够精细，不适合分类较多的情况。同饼图一样，环形图也经常用做占比分析。

（3）折线图。与柱状图相比，折线图不仅可以展示数量，还可以直观地反映事物随时间序列变化的趋势。

（4）散点图和气泡图。散点图的数据通常是点的集合，呈现成对的数和它们所代表的趋势或分布关系。散点图可以衍生出气泡图，通过气泡的面积大小来呈现 x 轴、y 轴以外的第三维数据大小。散点图适用于二维数据集，气泡图适用于三维数据集。散点图、气泡图的优点是能够直观反映数据的集中情况。

5.2.4　一般的数据可视化图形设计流程

图形设计的过程中存在诸多矛盾，必须善于从多种矛盾中抓住主要矛盾，提出主要的任务，从而掌握工作的中心环节。不同的信息内容主题需要不同的艺术手法来表现设计效果，以使人们对所传达的信息产生共鸣。无论怎样的设计效果，都要满足信息可视化设计的基本要求，即在简单的图形中，将大量的数据信息整体、有效、有焦点、有主次地传达。

一般的数据可视化图形设计流程如图 5-8 所示。

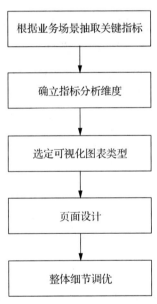

图 5-8　一般的数据可视化图形设计流程

1．根据业务场景抽取关键指标

用户、场景和需求是抽取关键指标的三要素。根据三要素进行数据采集往往是数据可视化的第一步，原因是同样的数据在不同主题下的展现方式是不一样的。根据业务场景确定数据之后，明确用户需求，对数据进行相应的处理和变换，常用的数据处理方法包括降维、数据聚类和切分、抽样等统计学和机器学习中的方法，最终明确重点的数据指标。

2. 确立指标分析维度

指标分析维度取决于用户想要展示的内容和效果。确立指标分析维度是不可缺少的关键一步。正所谓"横看成岭侧成峰",对于同一指标的数据,在不同的维度下分析会产生不同的结果。

3. 选定可视化图表类型

确立指标分析维度之后,可视化图表类型的选择也就随之确定了。例如,用户想要展示数据的分布,可以选择直方图、散点图等。图表的选择应当遵循突出重点、表达精准、易于理解、设计简洁的原则。

4. 页面设计

使用整理好的业务指标来展示图表,通过合理的排版布局,使最终的设计主次分明、空间平衡、页面简洁。通过对核心信息的把握,根据图表的目的、内容及风格来确定并合理地使用视觉元素。要根据业务指标,将核心内容安排在醒目位置、占较大面积,一般将有关联的指标放在相邻位置,其余的指标按优先级依次在核心指标周围展开,可以提高信息传递的效率。

图形设计的核心是创意性地传播信息,因此设计应是围绕信息内容展开的,不仅要增强画面的感染力,还需呼应主题。图形设计不仅是各种设计元素的排列组合,还是追求新颖的视觉样式和不拘一格多样化的表达,其核心都是创意性地传播信息、表达主题。

5. 整体细节调优

界面设计的关键视觉元素、页面的动画效果(下文简称"动效")、图形图表等是调优的关键。使用合理的动效设计,可以让整体的可视化效果更加赏心悦目。目前比较具有说服力且科学高效的风格定义手段是对业务指标进行情绪化设计。在颜色使用方面可选取对比鲜明突出的色彩,背景一般选择暗色调,使整个大屏不容易带来视觉疲劳,同时内容鲜明突出,容易分辨。从理论上说,设计风格的差异应该是无限的,但要满足信息可视化设计的基本要求。

5.3 数据可视化主要技术

抽象与具体之间的关系是对立统一的辩证关系。使用数据可视化技术能够更好地从感性具体上升到理性抽象。数据可视化是一种新颖的数据分析技术,同时作为一种表达数据的方式,数据可视化是对现实世界的抽象表达,借助图形化手段来直观地表达数据隐含规律和内在知识。本节首先从方法层面根据可视化目标分类介绍基本满足常用数据可视化需求的通用技术,然后根据大数据的特点,重点介绍相关的大规模数据可视化、时序数据可视化和数据可视化生成技术。

5.3.1　根据可视化目标分类

数据可视化技术在应用过程中，多数非技术驱动，而是目标驱动。国外专家安德鲁·阿伯拉（Andrew Abela）曾整理了一份图表类型选择指南，将图表展示的关系分为4类，即对比、分布、组成、关系，图表展示的关系说明如表5-1所示。

表5-1　图表展示的关系说明

数据关系	应用场景	可选类型图表
对比	单维度的数据比较、数据单纯性展示、排序数据展示，更关注数据间的差异	柱状图、横向柱状图
分布	单维度的各项指标相对总体的占比情况和分布情况，重点在于找到在数据集中的范围，找出其中的规律	饼图、环形图
组成	查看数据静态或动态组成，组成是数据的细化问题，部分占比关系展示	堆叠图、堆叠柱状图、堆叠面积图
关系	查看数据之间的相关性，常结合统计学相关性分析方法	散点图、气泡图

1．对比

对比是指比较不同元素或不同时刻的值。元素可以根据其包含的变量数目分为多变量元素和单变量元素。如果是多变量元素对比，如企业自身不同产品销量对比，可以采用多变量柱状图。如果是单变量元素对比，如多个企业产值对比，可以采用柱状图。比较不同时刻的值，可以根据时间长短细分。如果是长期时序数据，根据是否有周期性，可以分别采用周期面积图和折线图。如果是短期时序数据，根据类别多少，可以分别采用折线图和柱状图。

柱状图一般用于比较一组分类数据，柱子的高低传递数量信息，通过颜色来区分不同类别。堆叠柱状图是柱状图的一种扩展，两者的不同之处在于，柱状图的数据值为并行排列，堆叠柱状图则是一个个叠加起来的，可以展示每一个分类的总量，以及该分类包含的每个小分类的大小及占比，并且子类别一般用不同的颜色来指代。堆叠柱状图示例如图5-9所示，柱状图对比可以展示A、B两种产品在不同城市的销售量和比例关系。

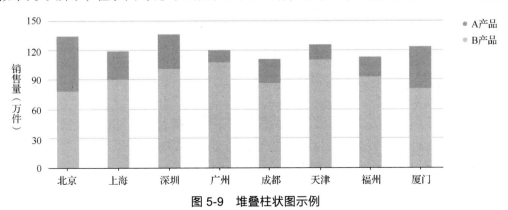

图5-9　堆叠柱状图示例

2．分布

查看数据分布特征，常用于数据异常发现、数值过滤和数据基本统计性特征分析。单个变量的分布，根据数据点数量多少分别采用折线图和柱状图；两个变量的分布可以采用直方图、散点图；多个变量的分布可以采用平行坐标法（平行坐标法是一种表达多维空间中数的几何投影方法，也是以二维形式表示多维对象的可视化技术，可以应用于数据挖掘过程中的表达。每个维度由一条水平或竖直的轴线表示，各轴线被组织为均匀间隔的平行线，一个 *n* 维空间的数据元素映射为一条折线，横贯所有的水平或竖直轴线）。

商务数据分析课程成绩分布散点图如图 5-10 所示。

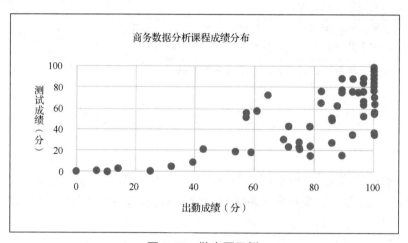

图 5-10　散点图示例

3．组成

组成是指查看数据静态或动态组成。

（1）动态组成可以根据数据时间特点，分为短期数据的动态组成和长期数据的动态组成。

① 对于短期数据，如果关注的是各部分相对于总体的比例，可以选择使用堆叠比例柱状图；如果关注的是各部分的具体数值，可以选择使用堆叠柱状图。

② 对于长期数据，如果关注的是各部分相对于总体的比例，可以选择使用堆叠比例面积图；如果关注的是各部分的具体数值，可以选择使用堆叠面积图。

（2）对于静态组成，若为简单的总体组成，可以采用饼图；若关注相对整体的增减可以采用瀑布图；若组成元素包含子元素，可以采用堆叠比例柱状图；若关注组成及其具体数值，可以采用树图。

为了保证绘图效果，饼图中各分块的数值都不应该接近零，同时分块的数目不应过多。如果包含多种数据类别，可以把数据量较小或不重要的数据合并成一个"其他"模块。图 5-11 所示是各平台浏览器使用量的饼图示例，很好地展示了不同平台浏览器在整体中的占比情况。

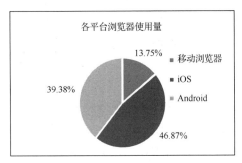

图 5-11 饼图示例

4. 关系

查看变量之间的相关性，常结合统计学相关性分析方法，通过视觉结合使用者的专业知识与场景需求判断多个因素之间的影响关系。根据变量的多少进行划分，若是 2 个变量，可以采用散点图；若是 3 个变量，可以采用气泡图，用散点半径表示第 3 个变量；超过 3 个变量可以采用平行坐标法。

气泡图作为散点图的变体，也可用于探索分析数据的相关性，在散点图的基础上，还可新增一至两个维度（如气泡的大小或颜色）。某商品各个季度的广告支出与销售量情况如图 5-12 所示，其中气泡大小表示销售量。通过将销售量映射为气泡的大小，可以很清晰地看到不同季度中广告支出和销售量之间的关系，从各个季度的数据看，广告支出越多，销售量越大，两者呈正相关关系。

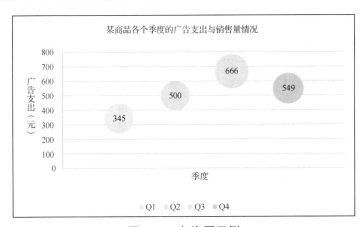

图 5-12 气泡图示例

5.3.2 根据大数据特点分类

大数据具有 5V 特点，即 Volume、Variety、Value、Velocity、Veracity，与大数据基本特点相关的可视化技术包括大规模数据可视化、时序数据可视化和数据可视化生成技术。

1. 大规模数据可视化

大规模数据可视化一般被用于处理数据规模达到 TB 或 PB 级别的数据，常用于科学计算，如气象模拟、数值风洞、核模拟、洋流模拟、星系演化模拟等。经过数十年的发展，大规模数据可视化经过了大量研究，诞生了许多方法，下面重点介绍其中的并行可视化和原位可视化。

（1）并行可视化

并行可视化通常包括 3 种并行处理模式，分别是任务并行、流水线并行、数据并行。

① 任务并行将可视化过程分为独立的子任务，同时运行的子任务处理进度之间不存在数据依赖，各子任务并行进行可视化处理，最后进行合成。任务并行的优点是可以并行处理根据任务划分得到的子任务，缺点是当子任务处理进度不均匀时需要等待长耗时进程，存在资源浪费情况。

② 流水线并行将数据拆分成独立的子块，并在多个处理单元上依次处理这些子块以实现并行处理效果。尽管对子块的处理是顺序进行的，但由于多个处理单元能够同时对不同的子块进行作业，从而在整体上达到了并行处理的目的。这种方式通常会结合高效的缓存策略来降低内存交换的需求，进而优化整个处理过程的效率。

③ 数据并行是将数据分块后，进行并行处理，通常称为单程序多数据流模式，具有较高的并行性和可扩展性。

（2）原位可视化

原位可视化是一种高效的数据可视化技术，直接在数据生成或采集的位置对数据进行实时分析和可视化处理，而无需将数据传输到其他系统或存储设备中。这种方法特别适用于处理大规模或复杂的数据集，如科学模拟、大数据分析和实时监控系统的数据。因为它能显著降低数据传输和存储的需求，同时加快数据分析的速度。原位可视化技术通过在数据生成时即时提取、处理和可视化数据，使用户能够即时观察和分析数据，从而对复杂现象产生深入理解。它避免了因数据量过大而导致的传统数据处理流程中的瓶颈问题，在需要处理 TB 级或 PB 级数据的场景中尤为重要。此外，原位可视化支持高度交互和动态的数据探索，为科学研究、工程设计和实时决策提供了强大的工具。通过减少数据处理链的长度，原位可视化提高了数据分析的效率和准确性，使用户可以更快地分辨信息并做出响应。

这种技术根据输出的内容，主要可以分为四种类型：图像、数据分布、数据压缩和特征。

① 图像型原位可视化将模拟过程中的数据直接转换成图像形式进行保存。

② 数据分布型原位可视化涉及在模拟过程中根据预设的统计指标计算与保存，为之后的数据分析和可视化提供基础。

③ 数据压缩型原位可视化通过应用数据压缩技术减少模拟数据量，压缩后的数据用于进一步的可视化分析。

④ 特征型原位可视化在模拟过程中提取关键数据特征并予以保存，为后续的分析和可视化工作提供输入。

2. 时序数据可视化

时序数据可视化是一种将数据点按时间顺序展示的技术，旨在揭示数据随时间变化的趋势、模式和异常信息。这种可视化方法对于分析历史数据、监控实时数据流、预测未来趋势以及识别数据中的周期性变化尤为重要。通过将时间作为主要的分析维度，时序数据可视化帮助用户快速理解信息，做出以数据驱动的决策。

时序数据可视化利用多种图表来展示数据随时间的变化。其中，面积图可揭示趋势，气泡图动态显示数据变化，甘特图用于项目管理，热力图和直方图展示数据分布，折线图和量化波形图显示定量数值变化及分类数据的时间演进；另外，带有地理信息的时序数据常通过轨迹图等方式结合地图进行可视化。时序数据可视化广泛应用于金融市场分析、气象监测、健康医疗数据分析、网络流量监控、制造业性能监测等多个方向。它提供了一种直观的方式来展示和解释数据，使得用户能够在复杂的数据背景中发现信息，优化决策过程。

3. 数据可视化生成技术

经过数十年的发展，数据可视化形成了从底层编程到上层交互式定制的多层次生成方式。编程式数据可视化生成方式通过利用编程语言和库，将复杂的数据集转换成直观的图形表示，为数据科学家和开发者提供了创建精细定制化视觉表示的支持。这一领域的流行工具包括 D3，一个强大的 JavaScript 库，用于开发动态和可交互的可视化网页；Python 的可视化库，如 Matplotlib、Seaborn、Plotly 和 Bokeh，它们分别适用于展示静态、统计、交互式图表和现代 Web 浏览器；R 语言的 ggplot2 包和应用程序 Shiny，专门用于创建统计图形和开发交互式 Web 应用；以及 OpenGL 和 VTK(The Visualization Toolkit)，它们提供了丰富的工具和技术，尤其适用于科学和工程数据的 3D 可视化。

交互式数据可视化通过允许用户直接与图表和图形进行互动（如点击、拖拽、缩放或过滤）来增强数据探索和分析的动态性和用户参与度。这种方法不仅提升了用户体验，还使用户加深了对数据背后故事的理解。交互式数据可视化的实现技术和工具包括前端技术（如 HTML5、CSS3、JavaScript）及其库（如 D3.js 和 Three.js），以及数据可视化平台(如 Tableau、Power BI)和 Web 框架(如 R 的 Shiny 和 Python 的 Dash)。这些技术和工具共同提升了数据可视化的交互性和用户体验，使得非技术用户与专业用户均能根据自己的需求轻松创建复杂的可视化图表。这种方式在商业智能、金融分析、健康数据分析等多个方向提供了支持，使决策者能够基于深入的数据分析做出明智的决策，展现了有效传达复杂信息和数据驱动决策的巨大潜力。

以上从方法学的角度介绍了常用的数据可视化生成技术。编程式可视化提供了更高的灵活性和定制能力，适合需要高度定制的复杂可视化项目。而交互式可视化则以其易用性和快速反馈为主要优点，适合快速数据探索和非技术用户的可视化需求。

5.4　主流的数据可视化工具

在各种数据展现方法中，数据可视化技术被认为是最容易为人类所接受的表现形式。数据可视化技术的优劣将直接影响数据的最终应用与决策。在学习使用主流的数据可视化工具的过程中，应该具备突破陈规、勇于创新的思想观念，不断地在实践中感受工匠精神，锻炼精益求精的意志品质。如今，数据可视化的工具越来越多，主流的可视化工具有基于类库的可视化工具，如 D3 和 ECharts；也有各种优秀的商用 BI 软件，如 Tableau、FineBI 和 Power BI。

5.4.1 数据可视化类库

随着 JavaScript 在数据可视化领域的不断普及，用于数据可视化的 JavaScript 类库层出不穷。有基于可缩放矢量图形（Scalable Vector Graphics，SVG）的 JavaScript 类库，也有基于 canvas 来绘制图形的 JavaScript 类库。对于基于 SVG 的 JavaScript 类库，由于每个元素都是唯一的节点且存在于文档对象模型（Document Object Model，DOM）树中，意味着每个元素允许被直接访问，从而具有更强的灵活性，更适合中小型数据集。频繁被使用的 D3 可视化工具就是通过 SVG 来绘制图形的。canvas 是 HTML5 出现的新标签，像所有的 DOM 对象一样具有属性、方法和事件。带 canvas 标签的浏览器兼容性比较好。ECharts 就是使用 canvas 为大数据量可视化展示而设计的。

1．D3

D3，全称 Data-Driven Documents，最初是由迈克·博斯托克（Mike Bostock）创建，D3 官网界面如图 5-13 所示。D3 是一个 JavaScript 类库，由于 JavaScript 文件的后缀名通常为.js，故 D3 也被称为 D3.js。由于 JavaScript 是一种网络高级脚本语言，被广泛用于 Web 应用开发，因此在使用 D3 时，需要在 HTML 页面中进行引用，利用网页编程，可将具有层次结构的文本数据以可视化图表的形式展示出来，使知识结构更加清晰。截止到 2022 年 8 月，D3 更新到了 7.6.1 版本。

D3 允许将任意数据绑定到 DOM，然后将数据驱动的转换应用于文档，具有非凡的灵活性。D3 不是一个单一的框架，D3 使用 Web 标准结合 HTML、SVG、CSS 创建数据可视化，可以产生交互式的数据展示效果——分层条形图、力导向图、动画树状图、等高线图、散点图等。例如，可以使用 D3 从数字数组生成 HTML 表，或使用相同的数据创建具有平滑过渡的交互式 SVG 条形图。

图 5-13　D3 官网界面

D3 的开销极小，速度极快，且支持大型数据集以及用于交互和动画的动态行为，除此之外，D3 还具备以下特点。

（1）数据驱动型。使用静态数据或从远程服务器获取各种数据创建不同类型的图表。

（2）可视化类型丰富。由于可视化类型的自由度较大，因此可以创建表格、饼图、条形图及地理空间地图等内容。

（3）接口丰富，具有完备的官方文档和样例支持。

（4）强大的社区活跃。

由于 D3 是用 JavaScript 语言编写的程序库，并且常应用并展示于网页之中，对 D3 的操作需要通过编程来实现，因此，对 D3 的初学者来说，需要了解网页相关的技术栈，如 HTML、CSS、DOM、JavaScript、SVG 等。

2．ECharts

ECharts 最初作为百度公司研发的一款开源免费的 JavaScript 数据可视化工具，于 2018 年年初捐赠给 Apache 基金会，成为 ASF 孵化级项目。ECharts 官网提供了多种图表的示例，如图 5-14 所示，用户可根据需求，单击相应的图表，进入代码编辑页面，进行学习、体验。

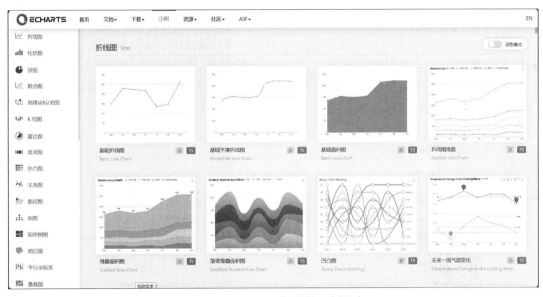

图 5-14　ECharts 提供的示例图表

ECharts 专门为大数据量可视化展示而设计，其数据可以在计算机和移动设备上流畅地运行并实时展现出来，并且兼容当前绝大部分浏览器，如 Chrome、Firefox、Safari 等。ECharts 的底层依赖矢量图形库 ZRender，基于 ZRender 全新的轻量级画布库，ECharts 可提供直观、交互丰富、可高度个性化定制的数据可视化图表。

ECharts 最大的特点之一就是内置二十多种图表类型，能够帮助使用者实现绝大多数场景的可视化需求，从常见的柱状图、饼图、折线图、散点图到展示各种特殊数据的雷达图、桑基图、主题河流图，应有尽有。不仅如此，社区开发的扩展插件能够解决各种复杂数据和场景的可视化展示，如字符云、水球图和各种地图扩展。除了内置功能丰富的图表，ECharts 还提供了自定义功能，支持图与图之间的混搭，以实现用户想要的各种可视化效果。

ECharts 除具有丰富的图表类型外，还具有以下特点。

（1）数据动态展示以及特效渲染。

（2）可支持千万级数据的可视化。

（3）多渲染解决方案和跨平台支持。

（4）多维度数据支持和丰富的可视化编码。

5.4.2　BI 类

Business Intelligence，简称 BI，是收集、管理、分析商业数据的过程。利用好已有数据，并将其转换成知识、分析和结论，辅助决策者做出正确的决策是所有 BI 类工具的核心。现在的 BI 类可视化工具往往都具备数据分析功能，能提供数据多维度可视化展示等一站式解决方案。

1. Tableau

Tableau 于 2003 年作为斯坦福大学计算机科学专业的一个项目而成立，该项目旨在改善分析流程，使人们更容易通过可视化访问数据。联合创始人克里斯·斯托尔特、帕特·汉拉汉和克里斯蒂安·沙博特开发了 Tableau 的基础技术 VizQL 并申请了专利，该技术通过直观的界面将拖放操作转换为数据查询，从而直观地表达数据。2019 年，Tableau 被 Salesforce 收购。

在 Tableau 系列产品中，Desktop 是最核心的产品，用于分析并可视化数据。在使用的过程中常常用到 Prep Builder，Prep Builder 可用于处理数据，同 Desktop 之间上下游职责分明，协同性也非常好。Tableau Desktop 首页界面如图 5-15 所示。

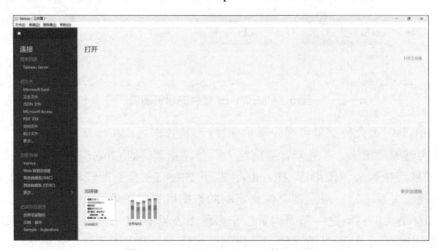

图 5-15　Tableau Desktop 首页界面

Tableau 最大的特点就是使用者不需要有编程基础，便可以轻松创建各种图表可视化效果，如折线图、热力图和散点图等。除此之外，还能够制作复杂的可视化文件。Tableau 通过拖放构建可视化效果，只需单击几下即可采用 AI 驱动的统计建模，并支持使用自然语言提问，从而降低门槛，使用户更容易参与和交互。这包括提高统计学和数据处理的实用性，以增强人类在分析中的创造力。同时，Tableau 提供了一种能够在大规模数据和复杂业务环境下高效运作的功能，通过全面的解决方案，使数据可视化在企业中更加高效、安全、合规，并能够方便地进行维护和获得支持。

Tableau 还具备以下的特点。

（1）根据现有的数据快速构建强大的计算，拖放参考线和预测，并查看统计摘要。Tableau 允许用户提出关于数据的"假设"问题，并使用任意数量的数据点进行分析。通过趋势分析、回归和相关性等方法，用户可以表达观点，以获得经过验证的真实统计理解。

（2）自动创建交互式地图。Tableau 内置了邮政编码，意味着绘制全球 50 多个国家和地区的地图速度快如闪电。不仅如此，对个性化区域还可以使用自定义地理编码。

（3）Tableau 可以使用 Tableau Server 或 Tableau Online 安全地共享可视化效果和基础数据。

（4）Tableau 具有庞大的社区群体。超过 100 万活跃、多元化的成员通过社区论坛、500 多个全球用户组以及年度 Tableau 大会等活动相互激励和支持。

Tableau 可以很快地对大量的数据创建可视化效果，更加适合创建交互式仪表板，且支持实时的数据刷新。

2．FineBI

FineBI 在 2006 年创立于南京大学，是国内帆软软件公司推出的一款商业智能化产品。FineBI 凭借着简单流畅的操作、强劲的大数据性能和自助式的分析体验，目前已经发展为国内最大的 BI 分析工具。截止到 2022 年 11 月，FineBI 已经更新到了 5.1.27 版本。FineBI Desktop 首页界面如图 5-16 所示。

图 5-16 FineBI Desktop 首页界面

FineBI 的核心优势是基于 Spider 大数据引擎的直连模式和本地模式，支撑 BI 数据分析的各种应用场景。FineBI 做到了自助式分析，图表类型丰富，数据分析功能较强大，可以根据用户当前分析的字段种类和个数自动推荐合适的图表类型。FineBI 的可视化分析基于著名的图形语法（The Grammar Of Graphics）设计，并进行了改良，具备丰富的组件类型，也因此有了无限的视觉分析可能。FineBI 还支持区域地图、点地图、热力地图、流向地图等丰富的地图效果。FineBI 作为国产软件，其基础的学习文档和教学视频资料都相对完备和丰富，对于普通用户，FineBI 的学习成本比较低，且通过简单的鼠标拖曳就能完成可视化操作，FineBI 还支持联动、下钻、跳转等 OLAP 分析操作功能，适合业务人员对数据进行自助分析和可视化效果展示。

3. Power BI

Power BI 是微软公司于 2016 年推出的一款可视化分析工具，即使是非专业的数据分析人员也能够基于该工具处理数据并快速地生成智能分析报表。Power BI 的前身可追溯到 Power Pivot for Excel 2010/2013，主要包括 Power Query、Power Pivot、Power View 和 Power Map。其中 Power Query 主要用于数据连接、清理，Power Pivot 主要用于数据建模、建立表与表之间的联系，Power View 主要用来做数据可视化，Power Map 主要用来做数据地图。Power BI 不仅可以满足用户对自助式商务智能分析的需求，而且对熟悉 Excel 表格的财务人员来说，可以很快适应并利用 Power BI 高效地完成财务报表可视化分析。

Power BI 包含联机 SaaS 服务 Power BI Online Service、移动端 Power BI 应用程序 Power BI Mobile，以及 Windows 桌面应用程序 Power BI Desktop。通常使用 Power BI Desktop 获取数据、清理数据并完成可视化报表，Power BI Desktop 首页界面如图 5-17 所示。

图 5-17　Power BI Desktop 首页界面

Power BI Desktop 可以连接上百个数据源、简化数据并提供即时分析。即时分析指用户可以根据需要改变条件，系统自动生成美观的统计报表并发布，组织内成员可以在 Web 和移动设备上查看报表。用户还可以根据不同情景需求，创建个性化的仪表板，全方位展示业务数据。

与其他 BI 类可视化工具相比，Power BI Desktop 具备以下几种特点。

（1）操作界面友好。Power BI Desktop 的图形操作界面简单易上手。

（2）支持丰富的数据源。Power BI Desktop 支持各种主流数据库、文本文件、Excel 文件等上百种数据源，且支持对多个数据源的数据进行提取和整合操作。

（3）动态交互和丰富的图形库。Power BI Desktop 支持人机交互动态分析功能且含有丰富的图形库。

（4）快速实时分析。Power BI Desktop 基于内存的 VertiPaq 计算引擎能获得良好的计算性能和快速响应效果。

（5）支持云共享与协作。Power BI Desktop 可将可视化报表发布至平台提供的云服务，实现共享与协作。

小结

本章介绍了数据可视化的本质，并通过某机场数据可视化大屏来介绍可视化的过程，以及可视化的方法，借助图形化的手段，清晰有效地传达与沟通信息。在数据可视化图形设计指南部分，本章深入探讨了如何有效地选择和设计图形，以清晰、准确地传达数据信息。通过学习数据可视化的主要技术，读者能够理解创建这些视觉表示形式背后的技术原理和方法。最后，本章介绍了当前主流的数据可视化工具，这些工具的广泛应用使得非技术背景的用户也能轻松创建出具有吸引力和洞察力的可视化作品。本章的内容旨在展现数据可视化如何将抽象的数据转换为直观的视觉形式，不仅使得数据的价值得以体现，还加深了我们对数据背后的故事的理解。通过对实例、设计指南、技术解析以及工具应用的全面介绍，本章为读者提供了一个数据可视化的全景视角，既包括理论基础，又包含实践操作，使读者能够在自己的工作和研究中有效运用数据可视化，提升数据的效果和影响力。

实训

实训 1　ECharts 的安装配置

1. 实训目标

ECharts 的安装主要有 3 种方式，从代码托管平台获取、从 npm 获取、从 CDN 获取。本实训主要练习从代码托管平台获取 ECharts 编译文件的方式，以及 ECharts 的安装。

2. 实训环境

（1）Windows 7 或更高版本的 Windows 操作系统。

（2）4.7.0 版本的 ECharts。

3. 实现思路及步骤

（1）从代码托管平台官网的 Apache 社区进入 ECharts 项目中的 release 页面。

（2）找到 Apache ECharts 4.7.0，单击下载页面下方 Assets 中的 Source code。

（3）解压后，dist 目录下的 echarts.js 即为包含完整 ECharts 功能的文件。

（4）在 echarts.js 的同级目录下新建一个 demo.txt 文件。

（5）将 ECharts 官网提供的示例代码复制到 demo.txt 中。

（6）将 demo.txt 文件后缀名修改为.html。使用默认浏览器打开示例代码，验证结果。

实训 2　FineBI 的安装配置

1. 实训目标

FineBI 在数据分析方面相对更优，既能实现业务、数据分析师等人群的个人数据分析，又能管辖业务分析、报表整理。尤其是在数据平台架构方面，还有数据到报表到分析报告的流程、权限管理。本实训练习 FineBI 的环境配置。

2. 实训环境

（1）Windows 7 或更高版本的 Windows 操作系统。

（2）5.1.27 版本的 FineBI。

3. 实现思路及步骤

（1）打开 FineBI 官网，在页面上方选择"产品"→"产品下载"，进入 FineBI 安装包下载页。

（2）安装包下载页面提供了 3 种版本的安装包，选择下载 Windows 64 位系统对应版本的安装包到本地。

（3）文件下载好后，双击 FineBI 安装文件，加载安装向导。

（4）单击"下一步"，弹出许可协议对话框，选择"我接受协议"。

（5）单击"下一步"，弹出选择安装目录对话框，单击"浏览"，选择 FineBI 安装目录。

（6）单击"下一步"，弹出设置最大内存对话框，设置 JVM 内存为 2048 MB。需要注意的是，最大 JVM 内存不能超过本机最大内存。

（7）单击"下一步"，弹出选择开始菜单文件夹对话框，根据需求勾选。

（8）单击"下一步"，弹出选择附加工作对话框，根据需求勾选。

（9）单击"下一步"，弹出完成 FineBI 安装程序对话框。

（10）单击%FineBI%/bin/finebi.exe 文件，验证 FineBI 是否安装成功。

课后习题

1. 单选题

（1）下列有关数据可视化的描述中，错误的是（　　）。

    A. 数据可视化主要包括文本可视化、网络可视化、时空数据可视化和多维数据可视化

    B. 数据可视化只能将数据以图形图像等形式显示

    C. 数据可视化可以将抽象的数据形象化

    D. 数据可视化可以让人获得更多信息

（2）根据数据可视化目标分类，图表展示的关系不包括（　　）。

    A. 对比   B. 分布   C. 组成   D. 聚类

（3）下列关于数据可视化类库的描述中，不正确的是（　　）。

    A. 基于 SVG 的类库，其每个元素都是唯一的节点且存在于文档对象模型树中

    B. D3 可视化工具是通过 SVG 来绘制图形的

    C. canvas 是 HTML5 出现的新标签，像所有的 DOM 对象一样具有属性、方法和事件

    D. ECharts 可视化工具是通过 SVG 来绘制图形的

（4）下列关于时序数据可视化的说法中正确的是（　　）。

    A. 面积图可显示某时间段内量化数值的变化和发展，最常用来显示趋势

    B. 甘特图可以将其中一条轴的变量设置为时间

    C. 面积图通常用作项目管理的组织工具

    D. 直方图通过色彩变化来显示数据

（5）下列基础图表中，通过比例形式来显示局部和整体之间的大体关系的是（　　）。

    A. 柱状图   B. 饼图   C. 折线图   D. 散点图

（6）下列对于 ECharts 描述有误的是（　　）

    A. ECharts 是一个纯 JavaScript 的图表库

    B. ECharts 可以流畅地运行在计算机和移动设备上

    C. ECharts 兼容当前所有的浏览器

    D. ECharts 自定义系列支持图与图间的混搭，可实现各种可视化效果

（7）ECharts 是基于（　　）的技术。

    A. Java   B. JavaScript   C. jQuery   D. Ajax

（8）Tableau 软件的优势是（　　）。

    A. 数据处理能力强

    B. 图表定制化程度高

    C. 图表可交互

    D. 以上皆正确

（9）下列不是数据可视化工具的是（　　）。

    A. ECharts   B. Photoshop   C. FineBI   D. Tableau

（10）数据可视化图形设计的一般流程不包括（　　）。

    A. 根据业务场景抽取关键指标

    B. 整体细节调优

    C. 页面设计

    D. 用户反馈

2. 多选题

（1）下列有关数据可视化的说法中，正确的有（　　）。

    A. 可视化分析实际上是一种能利用交互式可视化界面来对复杂数据进行分析的技术

    B. 数据可视化注重视觉表达、交互方式和人类的心理感知

    C. 数据可视化技术可以提供图形和数字信息以进行分析

    D. 当前，只有研究领域应用了数据可视化

（2）常见的数据可视化图表类型有（　　）。

    A. 饼图   B. 折线图   C. 条形图   D. 甘特图

（3）下列关于数据可视化图形设计的观点中，正确的有（　　）。

    A. 数据可视化图形设计并没有固定的范式，可以随意设计

    B. 不同类型的图表在不同的数据表示中都有各自的优势

    C. 信息可视化设计的基本要求是，在简单的图形中，将大量的数据信息整体、有效、有焦点、有主次地传达

    D. 确立指标分析维度是不可缺少的关键一步

（4）下列有关数据可视化类库的说法中，正确的有（　　）。

    A. 基于 SVG 和 canvas 的类库都是用于数据可视化的 JavaScript 库

    B. 在使用 D3 时，需要在 HTML 页面中进行引用

    C. 使用 D3 不需要编程基础

    D. ECharts 的底层依赖矢量图形库 ZRender，可提供高度个性化定制的数据可视化图表

（5）下列有关 BI 类可视化工具的描述中，正确的有（　　）。

    A. Power BI 不支持云共享与协作

    B. 使用 Tableau 可无编程基础

    C. FineBI 基于 Spider 大数据引擎的直连模式和本地模式，可支撑 BI 数据分析的各种应用场景

    D. Power BI 可以连接上百个数据源、简化数据并提供即时分析

（6）与大数据基本特点相关的数据可视化技术包括（　　）。

    A. 大规模数据可视化

    B. 时序数据可视化

    C. 面向可视化的数据采样方法

    D. 数据可视化生成技术

（7）使用下列（　　）可视化工具不需要编程基础。

    A. Data-Driven Documents　　　　B. ECharts

    C. Tableau　　　　　　　　　　　D. FineBI

（8）Power BI 主要包括（　　）。

    A. Power Query　　　　　　　　B. Power Pivot

    C. Power View　　　　　　　　　D. Power Map

（9）可视化图形设计原则有（　　）。

    A. 主要指标要安排在中间位置、占较大面积

    B. 次要指标按优先级依次在核心指标周围展开

    C. 一般把有关联的指标放置在相邻或靠近的位置

    D. 将图表类型相近的指标放一起

（10）数据可视化的流程包括（　　）。

    A. 分析数据

    B. 明确可视化目标

    C. 选择正确的数据可视化图表类型——饼图、柱状图、散点图等

    D. 整体细节调优

3. 简答题

（1）试述数据可视化的概念。

（2）简述 ECharts 可视化工具的特点。

（3）简述一般的数据可视化图形设计流程。

第 **6** 章 数据安全、隐私保护与开放共享

大数据时代，数据的安全问题愈发凸显，大数据因其蕴藏的巨大价值及其集中化的存储管理模式，成为网络攻击的重点目标，针对大数据的勒索攻击和数据泄漏问题日益严重，全球范围内的大数据安全事件频发。数据安全不再只是确保数据本身的保密性、完整性和可用性，更承载着个人、企业、国家等多方主体的利益诉求，关涉个人权益保障、企业知识产权保护、市场秩序维持、产业健康生态建立、社会公共安全乃至国家安全维护等诸多问题。国家安全是民族复兴的根基，社会稳定是国家强盛的前提。我国在国家层面上正逐渐完善个人信息保护和促进数据开放共享的立法。

本章首先引入菜鸟平台共享物流信息实例，讲解物流信息数据的安全和隐私，然后分别介绍大数据安全、大数据安全与隐私保护技术体系架构、大数据安全与隐私保护的关键技术，最后简单介绍数据开放与共享。

学习目标

（1）了解大数据安全与隐私。
（2）了解数据安全与隐私保护技术。
（3）了解实现数据开放与共享的概念与意义。

素养目标

（1）通过学习数据安全及隐私保护的关键技术，培养信息安全意识。
（2）通过学习数据开放共享的意义，培养信息素养。

6.1 实例引入：菜鸟平台共享物流信息

菜鸟是一家互联网科技公司，专注于物流网络的平台服务，包含物流仓储平台和物流信息系统，通过大数据、云计算、智能技术，可以提供充分满足个性化需求的物流服

务。如客户在网络下单时，可以选择"时效最快""成本最低""服务最好""最安全"等多种快递服务类型组合。2022 年 11 月，菜鸟官网显示的菜鸟供应链物流骨干网络如图 6-1 所示。

菜鸟供应链物流骨干网络			
全国仓配枢纽	配送覆盖区县	当次日达覆盖区县	仓储数量
7	2700 +	1600 +	230 +
仓储面积（㎡）	快递网点	专业运输路线	合作运输车辆
3000 万+	20 万+	600 万+	23 万+

图 6-1　菜鸟供应链物流骨干网络

菜鸟网络的关键在于数据信息的整合，而不是资金和技术的整合。阿里巴巴的"天网"+"地网"，是将供应商、电商企业、物流公司、金融公司、消费者的各种数据全方位、透明化地加以整合、分析、判断，并将数据信息转化为电子商务和物流系统的行动方案。通过有效的信息共享和资源整合，菜鸟可以实现随时下单、随时发货、随时转运、随时派件。

菜鸟注重自身合规性发展，参考国内和国际的各项合规标准，持续完善各业务系统的建设，为用户提供安全、可靠的物流平台服务。2017 年 5 月，菜鸟面向行业推出"隐私面单"，如图 6-2 所示。菜鸟提供的隐私面单服务可以有效避免消费者个人信息全部暴露在快递面单上。2018 年，菜鸟发现并拦截了针对物流快递行业的数千次违规行为。2018 年菜鸟联合公安、物流企业发布国内首个"物流安全服务平台"，联手打击网络"黑灰产"，共同提升信息安全能力。业内主要物流公司都已接入菜鸟平台。菜鸟高分通过信息系统安全等级保护三级测评并获得信息系统安全等级保护三级备案。

图 6-2　菜鸟提供的隐私面单服务

菜鸟核心作用的发挥，关键在于对多方物流数据的有效整合，与菜鸟合作的相关物流企业，都会将自己企业内部的物流数据（主要是包裹轨迹数据）共享出来，由菜鸟平台对电商和物流数据进行统一整合分析。

有一个形象的比喻可以用来形容菜鸟的作用：之前物流公司不能掌握淘宝商家动态，导致包裹挤在几个重要的货物集散地出不来，就如几个小孩子一起从瓶子里同时拉不同颜色的彩球一样，大家都想赶紧拉出彩球，结果彩球都挤在瓶口了，大家都拉不出来。现在物流企业有了阿里巴巴基于大数据技术提供的商家销售预测等方面的信息，能及时调配各家物流公司的配送率与速度，"红球""黄球""蓝球"……就一个个有序地出来了，大大提高了运营速度。

不可否认，大数据时代的到来，为人们学习、生活、工作带来诸多便利。然而，任何事物都有两面性，大数据犹如一把双刃剑，在带来便利的同时，也带来了诸如数据安全、数据隐私等一系列问题，但不能因噎废食，不能因为会有问题发生而拒绝成长。只要人们掌握了大数据的规律和技术，就可以更好地利用大数据，并尽量避免诸如侵犯隐私等问题的出现。

6.2　数据安全与隐私

大数据时代，数据安全和隐私保护在安全架构、数据隐私、数据管理和完整性、主动性的安全防护等方面面临诸多的技术挑战。在数据安全和隐私保护技术现状的基础上，本节将介绍数据安全和隐私保护技术体系架构，从设施层安全防护、数据层安全防护、接口层安全防护、系统层安全防护方面对数据安全和隐私防护进行介绍。

6.2.1　大数据安全概述

传统的数据安全的威胁主要包括计算机病毒、黑客攻击、数据信息存储介质的损坏。当下，数据安全面临许多不同的威胁，这些威胁还在不断演变。与传统信息安全更关注个人计算机、智能终端、网络服务器等用户或系统的安全防护不同，大数据应用的各个方面由于引入了数据服务提供商、云平台、智能互联网数据中心、虚拟化等新的角色和技术，数据安全面临着新的安全隐患，受到各类威胁。在大数据的研究与分析中，传统的安全保护机制以及体系已经不能够为飞速发展的大数据提供良好的数据保护。因此，应积极发展新型的大数据安全防护架构，进而对大数据时代下的数据隐私进行保护。在现阶段的大数据宏观环境中，用户已经不再享有数据的绝对控制权，该状态主要表现为用户在数据的使用过程中并不能够对数据具体储存位置进行掌控，在实际的数据使用中无法对数据进行有效的提取，从而影响用户的使用效率与质量。因此，建立有效的、安全的大数据隐私保护势在必行，国家也将完善重点领域安全保障体系和重要专项协调指挥体系，强化经济、重大基础设施、金融、网络、数据、生物、资源、核、太空、海洋等安全保障体系建设。

6.2.2　大数据安全与隐私保护技术体系架构

大数据安全与隐私保护技术体系中的安全防护技术主要分 4 个层次，分别为设施层、数据层、接口层和系统层，如图 6-3 所示。

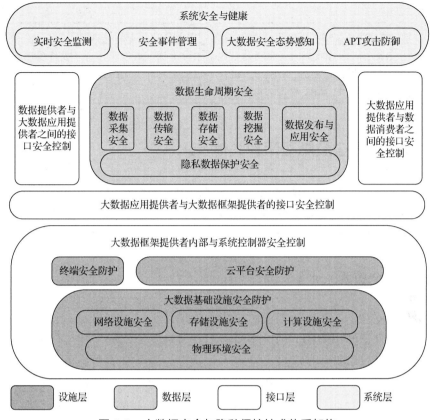

图 6-3　大数据安全与隐私保护技术体系架构

大数据安全与隐私保护技术体系架构说明如表 6-1 所示。

表 6-1　大数据安全与隐私保护技术体系架构说明

层次	说明
设施层	主要应对终端、云平台和大数据基础设施的安全问题，包括平台崩溃、设备失效、电磁破坏等；采用的关键安全防护技术主要有终端安全防护技术、云平台安全防护技术和大数据基础设施安全防护技术等。大数据基础设施安全防护技术主要对大数据的网络设施、存储设施、计算设施和物理环境进行保护
数据层	主要解决数据处理的生命周期带来的安全问题，包括数据混乱等；采用的关键安全防护技术包括数据采集安全技术、数据传输安全技术、数据存储安全技术、数据挖掘安全技术、数据发布与应用安全技术、隐私数据保护安全技术等
接口层	主要解决大数据系统中数据提供者、数据消费者、大数据应用提供者、大数据框架提供者、系统协调者（负责管理和协调大数据系统的运行，是大数据安全与隐私的总体规划者）等角色之间的接口面临的安全问题，包括数据损失等；采用的关键技术包括对数据提供者与大数据应用提供者之间的接口安全控制技术、大数据应用提供者与数据消费者之间的接口安全控制技术、大数据应用提供者与大数据框架提供者的接口安全控制技术、大数据框架提供者内部与系统控制器安全控制技术等

续表

层次	说明
系统层	主要解决系统面临的安全问题，包括运行干扰、远程操控、高级持续性威胁（APT）攻击、业务风险等；采用的关键技术包括实时安全监测、安全事件管理、大数据安全态势感知、APT 攻击防御等

6.3 大数据安全及隐私保护关键技术

大数据时代来临，数据价值急剧攀升，促使数据安全与国家安全、经济运行安全、社会公共安全、个人合法权益之间的关联日趋紧密，建立数据安全保障体系成为大数据健康发展、经济发展、社会稳定的重要前提。

6.3.1 数据安全技术

目前，数据安全的防护一般是从数据生命周期防护的视角出发，设置分级分类的动态防护策略，降低已知风险的同时兼顾减少对业务数据流动的干扰与伤害。

随着大数据云计算技术的普及，业务系统数据融合共享成为趋势，数据流动性已经成为数据的基本特征，也引发了数据安全体系建设的变化。从数据应用系统的角度看，数据从采集、传输到存储、处理、共享直至销毁的全生命周期的各个环节均面临安全风险，数据安全防御体系必须贯穿生命周期的始终。数据全生命周期安全防护架构如图 6-4 所示。

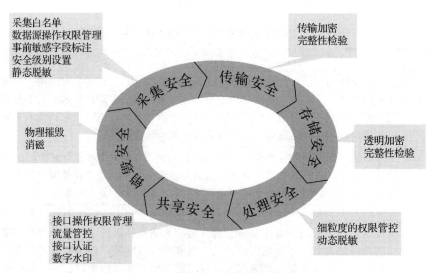

图 6-4 数据全生命周期安全防护架构

数据全生命周期可分为数据采集、传输、存储、处理、共享、销毁 6 部分，其对应的安全防护技术说明如表 6-2 所示。

表 6-2　数据全生命周期中的安全防护技术说明

环节	说明
采集安全环节	主要通过采集白名单、数据源操作权限管理、事前敏感字段标注、安全级别设置、静态脱敏等技术来实现采集流程的安全防护。通过设定数据采集白名单、数据源操作权限管理加强数据源的安全管控。基于数据安全相关法律法规，合法采集数据，采用安全级别设置来实现数据来源的合法合规。同时用数据事前敏感字段标注和静态脱敏来绑定数据和提供者关系，为后续数据使用和溯源提供有效依据
传输安全环节	主要通过传输加密、完整性检验技术实现传输通道的安全防护。使用密码加密技术对采集数据进行加密传输，在数据接收端再进行解密，从而使数据在传输过程中不容易被非法截获和恶意篡改
存储安全环节	主要通过透明加密、完整性检验提高数据存储安全性。另外也可以采用数据灾备保护实现对数据的离线备份，防范数据意外丢失或内部非法获取的风险
处理安全环节	主要通过细粒度的权限管控、动态脱敏等技术保障数据处理的安全。因存在数据非法访问和数据泄漏风险，所以需要对数据使用权限进行控制，同时对数据处理行为进行全流程审计，记录数据访问行为，在发生事故时可溯源。另外，通过动态脱敏技术，对敏感数据进行定义与分级分类，防止敏感数据被越权访问等，实现对敏感数据的针对性安全防护
共享安全环节	针对数据流接口的方式，采用接口操作权限管理、流量管控、接口认证等方式保障接口的安全。针对文件共享的方式，通过数字水印等方式，实现共享数据泄漏后的追踪。另外，对于隐私数据保护，需要进行数据加密，使用透明加密、数据完整性校验等技术防范用户隐私数据的意外泄漏
销毁安全环节	主要通过物理摧毁和消磁等技术手段来破坏存储介质中数据的完整性，以防非授权用户利用残留数据恶意恢复，达到保护数据的目的。从销毁安全效果来看，焚烧、高温、物理破坏等借助外力将介质的存储部件摧毁效果较好，能够让存储介质从物理上消失；从工作效率来看，消磁法效率较高，消磁速度很快，数秒内就能完成，较为节省时间和人力；从投入成本来看，消磁法只需一次性投入购买设备的资金，对场地和人员无太高要求，焚烧、高温、物理破坏不仅要专业设备，还需要专门的销毁场地

识别数据全生命周期安全防护中可能存在的风险后，采用针对性数据安全技术手段，从技术层面实现对数据的多维多重保护，具体介绍如下。

1. 安全监控与防护技术

敏感数据的安全监控与防护技术是从海量的数据中挑选出敏感数据，完成对敏感数据的识别，进而建立系统的总体数据视图，并采取分类分级的安全防护策略保护数据安全。传统的数据识别方法采用关键字、字典和正则表达式匹配等方式，通常结合模式匹配算法，该方法简单实用，但人工参与相对较多，自动化程度较低。随着人工智能识别技术的引入，通过机器学习可以实现大量文档的聚类分析，自动生成分类规则库，逐步提高内容自动化识别程度。

2．数据防泄漏技术

数据防泄漏技术（Data Loss Prevention，DLP）是指通过一定的技术手段，防止用户的指定数据或信息资产以违反安全策略规定的形式流出企业的一类数据安全防护手段。针对数据泄漏的主要途径，DLP采用的主要技术如下。

（1）针对使用泄漏和存储泄漏，通常采用身份认证管理、进程监控、日志分析和安全审计等技术手段，观察和记录操作员对计算机、文件、软件和数据的操作情况，发现、识别、监控计算机中的敏感数据的使用和流动，对敏感数据的违规使用进行警告、阻断等。

（2）针对传输泄漏，通常采用敏感数据动态识别、动态加密、访问阻断和数据库防火墙等技术，监控服务器、终端、网络中动态传输的敏感数据，发现和阻止敏感数据通过聊天工具、网盘、微博、文件传输、论坛等方式泄漏出去。

目前的DLP普遍引入了自然语言处理、机器学习、聚类分类等新技术，将数据管理的粒度进行了细化，对敏感数据和安全风险进行智能识别。

3．密文计算技术

密文计算技术又分为同态加密和安全多方计算。

同态加密提供了一种对加密数据进行处理的功能，经过同态加密的数据处理后得到一个输出，将该输出进行解密，其结果与用同一方法处理未加密的原始数据得到的输出结果一致。也就是说，其他人可以对加密数据进行处理，但是处理过程中不会泄漏任何原始内容。同时，拥有密钥的用户对处理过的数据进行解密后，得到的正好是原始数据处理后的结果。综上所述，同态加密特别适合在大数据环境中应用，既能满足数据应用的需求，又能保护用户隐私不被泄漏。但是，目前同态加密算法的计算开销过高，尚未应用到实际生产中。

安全多方计算解决了一组互不信任的参与方之间保护隐私的协同计算问题。安全多方计算可确保输入的独立性、计算的正确性，同时不将各输入值泄漏给参与计算的其他成员，对于大数据环境下数据机密性保护有独特的优势。通用的安全多方计算协议虽然可以解决一般性的安全多方计算问题，但是计算效率很低，尽管近年来研究者努力进行实用化技术的研究，并取得了一些成果，但是离真正的产业化应用还有一段距离。

4．数字水印技术

数字水印技术可实现对分发后的数据流向的追踪，在数据泄漏行为发生后，对造成数据泄漏的源头可进行回溯。对于结构化数据，在分发数据中掺杂不影响运算结果的数据，采用增加伪行、增加伪列等方法，拿到泄漏数据的样本，可追溯数据泄漏源。对于非结构化数据，数字水印可以应用于数字图像、音频、视频、打印、文本、条目等数据信息中，在数据外发的环节加上隐蔽标识水印，可以追踪数据扩散路径。但目前的数字水印方案大多还是针对静态数据集，满足数据量巨大、更新速度极快的水印方案尚不成熟。

5. 数据溯源技术

数据溯源技术又称为数据血缘、数据起源、数据谱系，是指查找数据产生的链路。数据溯源可以记载对数据处理的整个历史，包括数据的起源和处理数据的所有后继过程（数据产生并随着时间推移而演变的整个过程）。通过数据溯源，可以获得数据在数据流中的演化过程。当数据发生异常时，通过数据溯源分析能追踪到异常发生的原因，将风险控制在适当的水平。目前数据溯源分析模型和技术方案多是针对组织内部的数据流动与溯源，无法应用于数据跨组织流动的溯源场景。

目前，在数据安全技术中，数据安全监控和防护技术相对成熟，数据的共享安全、非结构化数据库的安全防护和数据识别技术亟待改进。数据识别问题在技术上可以得到较完备的解决，敏感数据自动化识别为防泄漏提供了基础技术；人工智能、机器学习等技术的引入，使得数据识别向智能化方向演进；数据库防护技术的发展也为数据识别提供了有力的技术保障。密文计算技术、数据溯源技术的发展仍无法满足实际的应用需求，难以解决数据处理过程的机密性保障问题和数据流动路径追踪溯源问题。

具体而言，密文计算技术的研究仍处于理论阶段，运算效率远未达到实际应用的要求；数字水印技术无法满足大数据环境下大量、快速更新的应用需求；数据溯源技术无法应用于数据跨组织流动的溯源场景。

6.3.2　个人隐私保护技术

数据安全技术提供了数据机密性、完整性和可用性的防护基础，隐私保护是在此基础上，保证个人隐私信息不发生泄漏或不被外界知悉，加强个人信息保护。目前应用广泛的个人隐私保护技术是数据脱敏技术，解决隐私保护问题的有效途径是去标识化，相关技术介绍如下。

1. 数据脱敏技术

数据脱敏是指对某些敏感信息通过脱敏规则进行数据的变形，实现对个人数据的隐私保护，是应用广泛的隐私保护技术。脱敏技术说明如表 6-3 所示。

表 6-3　脱敏技术说明

技术方法	说明
加密方法	加密方法是指标准的加密算法，加密后完全失去业务属性，属于低层次脱敏，算法开销大，适用于机密性要求高、不需要保持业务属性的场景
基于数据失真的技术	基于数据失真的技术主要通过添加噪声等方法，使敏感数据失真，但同时保持某些数据或数据属性不变，仍然保持某些统计方面的性质。随机化是一种基于数据失真的技术，即对原始数据加入随机噪声，然后发布扰动后数据的方法，适用于群体信息统计或需要保持业务属性的场景
可逆的置换算法	兼具可逆和保证业务属性的特征，可以通过位置变换、表映射、算法映射等方式实现。表映射方法应用起来相对简单，也能解决业务属性保留的问题，但是随着数据量的增多，相应的映射表同比增大，应用局限性较高

在为数据应用系统选择脱敏算法时，可用性和隐私保护的平衡是关键，既要考虑系统开销，满足业务系统的需求，又要兼顾最小可用原则，最大限度地保护用户隐私。

2. 去标识化技术

去标识化是指对个人信息做技术处理，在不借助额外信息的情况下，使得他人无法识别个人信息主体的过程。常用的去标识化技术有统计技术、密码技术、抑制技术、假名化技术、泛化技术、随机化技术和数据合成技术，常用的去标识化模型有 K-匿名模型和差分隐私模型。去标识化是隐私保护的主要技术之一，去除数据集中隐私属性和数据主体之间的关联关系，并且使之具有足够的防止重识别能力后，数据集的某些属性即可共享发布，供外部业务系统处理分析。

在大数据环境下，数据应用生态环境日益复杂，数据生命周期各个环节都面临新的安全保障需求，数据的采集和溯源成为突出的安全风险点，应加强数据采集、运算、溯源等关键环节的保障能力建设，以数据安全关键环节和关键技术研究为突破点，完善数据安全技术体系。数据脱敏、去标识化等技术可以实现数据利用和隐私保护两者之间的平衡，是解决数据应用过程中隐私保护问题的理想技术。隐私保护核心技术方面的进展必然会极大推动数据开放与共享，促进整个大数据产业的健康发展。

6.4 数据开放与共享

随着大数据时代的发展，数据作为重要的基石和原料，受到越来越多的关注和重视，数据的资源优势和应用市场优势日益凸显，而大数据的真正价值在于其如何被充分利用。因此，数据开放与共享成为大数据利用过程中的关键因素。

6.4.1 数据开放与共享的概念

开放数据是指一种经过挑选与许可的数据，不受著作权、专利权以及其他管理机制所限制，可以被任何人自由免费地访问、获取、利用和分享。乔尔·古林（Joel Gurin）在《开放数据》一书中对开放数据进行了描述——开放数据是指公众、公司和机构可以接触到的，能用于确立新投资、寻找新的合作伙伴、发现新趋势，做出基于数据处理的决策，并能解决复杂问题的数据。开放数据的定义突出了开放数据的如下两个核心要素。

（1）数据。数据是指原始的、未经处理的并允许个人和企业自由利用的数据。在科学研究领域中，数据亦被用于指代原始的、未经处理的科学数据，例如地理信息系统数据、公交轨迹数据、气象观测数据、心电图数据等。

（2）开放。一般来说开放的概念具有如下两个层次的含义。

① 技术上的开放，即以机器可读的标准格式开放。

② 法律上的开放，即不受限制地明确允许商业和非商业利用和再利用。

数据共享是指处于不同时空的用户使用不同计算机、不同软件能够读取他人数据并进行各种操作运算和分析。例如，科研人员将实验过程中使用的数据与其他科研人员共享，以便于重现实验结果。需要特别注意的是，数据共享是指小范围的使用和利用，而数据开放则是面向全社会和全体公众的开放。

开放数据仅是大数据的一部分，不完全等同于大数据，也有别于公开数据和共享数据。开放数据的宗旨是提供免费的、公开的和透明的数据信息。开放数据可以用于如医疗保健、商业经营、农业生产等相关领域，以及处理各项事务。开放数据本身没有明显的商业价值，但经过公众、企业等加工处理之后，可能会产生巨大商业价值。

6.4.2　数据开放与共享的意义

数据开放与共享的意义如表 6-4 所示。

表 6-4　数据开放与共享的意义

意义	说明
有助于提升资源利用率	统一数据存储、共享开放、安全管理等职能，消灭传统信息化平台建设中的"竖井式"业务、"数据孤岛"、重复建设、资源浪费等问题
有助于提升工作效率	通过大数据共享开放平台，整合大数据各用户之间的数据共享渠道，为安全、高效、有序、可靠的数据共享开放提供平台支撑。通过平台资源的统一整合，在数据存储与交换机制中可以考虑数据可用不可见、数据不搬家、数据点对点直接交换等交换模式，大大提升了交换效率
有助于企业获得更好的经营发展能力	数据信息的增多可以提升企业做出正确选择的能力，从而提高经济效益，更好地体现信息的价值
有助于推动社会治理创新	依托数据共享和大数据技术应用，有利于实现社会治理机制的创新，给公众的生活带来便利，如缓解交通压力、保障食品安全、减少环境污染

6.4.3　数据开放与共享实施指南

数据开放与共享的实施既是一个技术过程又是一个管理过程，其中技术过程是指采用什么数据格式发布，以及如何定义数据访问接口和更新策略等涉及数据处理方面的内容，而管理过程则涉及发布什么样的数据，以及采用什么样的开放许可协议等问题。一般来说，数据开放与共享实施涉及 3 个主要步骤，即数据集选择、开放许可协议、数据集发现与获取。

1. 数据集选择

选取将要开放的数据集是数据开放与共享的第一步，同时也是在数据开放与共享实施过程中工作量很大的一步。特别是这步涉及数据所有权，需要数据发布者事先制定数据开放的标准和对数据进行分级处理。各数据发布单位要按照制定的标准要求，对数据集进行加工整理，形成待发布的数据集。

2. 开放许可协议

在选择好待发布的数据集后，应该考虑对数据应用什么样的许可协议。对于开放数据，推荐选用遵循开放知识定义并且适用于数据的开放许可协议，如知识共享（Creative Commons）、开放数据公用（Open Data Commons）等。

3. 数据集发现与获取

选择好数据开放许可协议后，数据发布者可将数据集发布到相应的数据开放与共享平台。数据开放的目的是数据的再利用，因此数据发布者必须确保数据是可再次访问和获取的，且提供机器能够访问的文件格式。

小结

数据素养教育是大数据专业人才培养的核心内容，数据安全、隐私保护和数据共享是培养学生数据素养的重要内容。本章通过菜鸟平台共享物流信息实例，引入了数据安全、隐私保护、数据共享与开放等知识点，然后详细介绍了数据安全和隐私保护的现状、技术体系架构等，从而进一步学习了数据安全与隐私保护的技术；介绍了数据开放与共享的概念、意义和实施。通过本章的学习，读者可掌握大数据安全、大数据隐私技术、大数据开放共享，为培养法治思维和数据素养奠定坚实的基础。

课后习题

1. 单选题

（1）下列关于大数据安全问题描述错误的是（　　　）。

    A. 大数据的价值并不单纯地来源于其用途，而更多地源自其二次利用

    B. 对大数据的收集、处理、保存不当，会加剧数据信息泄漏的风险

    C. 大数据对于国家安全没有产生影响

    D. 大数据成为国家之间博弈的新战场

（2）菜鸟高分通过了信息系统安全等级保护（　　　）级测评。

    A. 一　　　　　　B. 二　　　　　　C. 三　　　　　　D. 四

（3）数据安全的防护一般是从（　　　）的视角出发。

    A. 设施层安全防护　　　　　　B. 数据生命周期防护

    C. 接口层安全防护　　　　　　D. 系统层安全防护

（4）在数据安全技术中，（　　　）技术相对成熟。

    A. 监控和防护　　　　　　B. 共享安全

    C. 数据识别　　　　　　D. 非结构化数据库的防护

（5）随着人工智能识别技术的引入，通过（　　　）可以实现大量文档的聚类分析。

    A. 大数据　　　B. 云计算　　　C. 物联网　　　　D. 机器学习

（6）通过数据溯源，可以获得数据在（　　　）中的演化过程。

    A．物流　　　　　　B．数据流　　　　　　C．资金流　　　　　　D．业务流

（7）个人隐私保护技术中应用广泛的技术是（　　　）。

    A．数据脱敏技术　　　　　　　　　B．隐私保护技术

    C．大数据防护技术　　　　　　　　D．去标识化技术

（8）解决隐私保护问题有效途径是（　　　）。

    A．数据脱敏技术　　　　　　　　　B．隐私保护技术

    C．大数据防护技术　　　　　　　　D．去标识化技术

（9）数据集的开放需要发布者首先指定数据开放的（　　　）。

    A．规模　　　　　B．标准　　　　　C．策略　　　　　D．内容

（10）数据开放的目的是数据的（　　　）。

    A．再生产　　　　B．再开发　　　　C．再利用　　　　D．再获取

2．多选题

（1）传统的数据安全的威胁主要包括（　　　）。

    A．数据复制　　　　　　　　　　　B．计算机病毒

    C．黑客攻击　　　　　　　　　　　D．数据信息存储介质的损坏

（2）大数据时代，可以从哪几个方面加强数据安全与隐私保护？（　　　）

    A．数据安全与隐私保护工作与个人无关，全部需要依赖国家层面进行管控

    B．提高个人意识，应用安全技术

    C．从企业端源头进行遏制

    D．从国家法制层面进行管控

（3）大数据安全与隐私保护技术体系中的安全防护技术主要分为（　　　）。

    A．设施层　　　　B．数据层　　　　C．接口层　　　　D．系统层

（4）数据全生命周期安全防护架构包含（　　　）。

    A．采集安全环节　　　　　　　　　B．处理安全环节

    C．共享安全环节　　　　　　　　　D．销毁安全环节

（5）目前的 DLP 引入（　　　）等新技术，对敏感数据和安全风险进行智能识别。

    A．自然语言处理　　　　　　　　　B．机器学习

    C．聚类分类　　　　　　　　　　　D．人工智能

（6）密文计算技术分为（　　　）。

    A．同态加密　　　B．异态加密　　　C．安全多方计算　　　D．安全单方计算

（7）数字水印技术应用于（　　　）。

    A．数字图像　　　B．音视频　　　　C．文本　　　　　D．条目

（8）常用的去标识化模型包括（　　　）。

    A．层次分析模型　　　　　　　　　B．物理模型

    C．K-匿名模型　　　　　　　　　　D．差分隐私模型

（9）我国当前开放数据的宗旨是提供（　　）数据信息。

    A．免费的　　　　B．无偿的　　　　C．公开的　　　　D．透明的

（10）数据开放与共享实施的步骤包括（　　）。

    A．数据集选择　　　　　　　　B．开放许可协议

    C．制定数据开放标准　　　　　D．数据集发现与获取

3．简答题

（1）介绍大数据安全与隐私保护技术体系架构中各个层的作用。

（2）简述数据脱敏技术。

（3）简述数据开放与共享的意义。

第 7 章 大数据技术应用实例

大数据技术渗透到社会的方方面面，包括智能交通、商业分析、环保监测、食品安全、金融领域等。从大数据作为国家重要的战略资源和加快实现创新发展的高度来看，全社会已形成"用数据说话、用数据管理、用数据决策、用数据创新"的文化氛围与时代特征。

本章紧紧围绕信息爆炸时代大数据技术的应用场景展开研究，首先介绍大数据技术在城市管理中的应用，包括城市公交用户智能交通出行分析、环保监测，然后介绍大数据技术在金融领域的运用，接着介绍大数据技术在互联网领域的应用，最后介绍大数据技术在零售行业的应用。

学习目标

（1）了解大数据在识别城市公交用户出行方式方面的应用。
（2）了解大数据如何推动智慧环保落地。
（3）了解大数据如何在股票预测方面发挥作用。
（4）了解大数据如何为上市公司发展提供借鉴。
（5）了解大数据在互联网领域的应用。
（6）了解大数据在零售业中的应用。

素养目标

（1）通过学习大数据的各种应用案例，培养挖掘生活中数据资源的能力，巧妙自然地融入数据思维，实现数据素养的逐层提高。

（2）通过了解大数据在各领域的应用，培养数据感知与采集、存储与管理、处理与分析、共享与协同创新的能力。

（3）通过学习真实应用案例，培养寻找来自实际问题的真实数据的意识，建立实际问题与数据之间的联系，理解数据背后的含义和价值。

7.1 大数据技术在城市管理中的应用

随着信息化技术的不断发展，大数据在城市管理中的重要性显得愈发突出。大数据不仅改变了人类社会的生活方式,也从根本上增强了城市管理及决策的精准度和科学性。大数据为城市管理带来的影响不仅是简单运用了数字技术,更是有效利用了大数据的优势,全方位提升了城市管理的质量,加强了城市之间的合作与交流,同时优化和发展了城市管理模式。

7.1.1 城市公交用户出行分析

随着移动互联网、大数据技术的高速发展,通过智能手机、平板电脑等移动终端设备采集公交用户的移动数据并对其进行分析,可以获取交通参与者出行的相关信息,这些信息是城市交通管理部门提供交通服务、实施交通管控的重要前提。获知城市居民出行行为属性特征,将信息进行分析处理,采用一定的挖掘算法即可识别用户的出行方式,借此获知居民的出行轨迹,从而获得出行用户偏好等相关信息。利用大数据分析能力可加强公交精细化管理,将大数据与定性分析相结合,用数据规划公交线路,克服人为主观性、片面性的缺陷,就如同遇到问题时需要从多方面、多角度看待、分析和处理问题。从数据入手,梳理数据结构,分析数据特征,挖掘数据所包含的规律,进而探索数据的价值,通过对海量信息进行动态的相关性分析,清晰地展现公交用户出行的数据痕迹。

1. 城市公交用户出行系统整体架构

公共交通数据包括公交卡刷卡数据、公交定位数据等。海量的交通数据中包含着丰富的用户位置信息和出行轨迹数据,同时隐含了出行的时空属性和用户行为规律。通过对信息和特征进行深入的分析与挖掘,不仅可以发现单个用户的公共交通出行规律和用户群体的共同行为特征,还可以挖掘出其社交关系信息以及多维用户标签,对用户分类、智能交通管理、广告推荐等领域具有非常重要的意义。

交通出行方式的识别,是对用户出行轨迹中每一对相邻出行节点出行过程特征的识别。若相邻出行过程中运动轨迹特征大致相同,则认为相邻两阶段出行方式相同;若出现较大差异,则认为出现了停驻或采用了其他的交通方式。公交用户出行系统整体架构如图 7-1 所示。分析和计算公交卡刷卡数据、公交 GPS 定位数据,通过数据预处理,可获得用户的出行频率、时段、出行轨迹等时空信息。根据用户群的出行轨迹,可以进行聚类分析处理,挖掘同路线出行人群,实现同路线用户聚类;根据用户出行规律、乘车次数、乘车时长、经常出发、到达的区域等属性的个体特征,赋予用户标签,实现用户出行特征提取,最终实现用户划分聚类。

2. 城市公交用户的公共交通数据说明

手机可以提供城市用户的出行信息,将手机通信的数据与交通单元相结合,通过数据的预处理、匹配分析、交通单元的分析处理等一系列海量数据的处理方法,可以得到常住人口的分布情况、通勤出行用户的相应特征以及某些代表性区域的用户所对应的出行特征;同时,可以依照不同人群的特点,对用户人群进行分类分析。

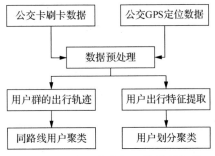

图 7-1　公交用户出行系统整体架构

　　在用户出行方式判别的过程中，通过识别各类交通方式的数据特征确定特征变量和判别阈值是较为关键的部分。针对用户的行为目的进行分析是轨迹分析中较为重要的内容，旨在通过用户出行的历史轨迹以及公交 GPS 定位数据挖掘用户的出行规律。下例公共交通数据来源于某市 2021 年 5 月份公交卡刷卡数据，日均数据大小为 1.2GB；以及公交 GPS 定位数据，日均数据大小为 6.9GB。公交卡刷卡数据说明如表 7-1 所示，公交 GPS 定位数据说明如表 7-2 所示。

表 7-1　公交卡刷卡数据说明

序号	字段内容	备注
1	设备编码	刷卡设备编号
2	IC 卡编码	公交卡编号
3	刷卡记录编码	记录标识
4	交易金额	本次刷卡金额
5	交易类型	公交刷卡 11 地铁进站 21 地铁出站 22
6	卡内余额	公交卡余额
7	刷卡时间	出行时间
8	线路名称	乘坐线路名称
9	站点名称	刷卡站点名称
10	车牌号	乘坐记录车牌号

表 7-2　公交 GPS 定位数据说明

序号	字段内容	备注
1	设备编号	车辆唯一标识
2	车牌号	运行车辆车牌号
3	线路	车辆线路编号
4	系统时间	上传数据时间

续表

序号	字段内容	备注
5	定位状态	状态判断代码
6	定位经度	百度地图经度标准
7	定位纬度	百度地图纬度标准
8	速度	测量速度
9	方向	行驶方向
10	行车记录仪速度	设备速度
11	行车记录仪里程	车辆行驶里程

3. 城市公交用户出行数据预处理

数据预处理是数据分析挖掘中重要的环节,目的是提供高质量的数据,为分析挖掘工作打下良好的基础。在实际数据接入过程中,由于数据总量庞大,对公交卡刷卡数据、公交 GPS 定位数据进行采集的过程中难免会有字段不完整、数据格式错误、数据丢失以及日期不正确等问题产生,因此数据预处理显得尤为重要。用户出行数据预处理流程如图 7-2 所示,数据预处理环节包括出行缺失数据补偿、异常出行数据剔除、出行数据不一致检测、出行数据噪声识别、出行数据过滤与修正、多种出行数据源集成、降低数据集规模和基于模型的数据转换。

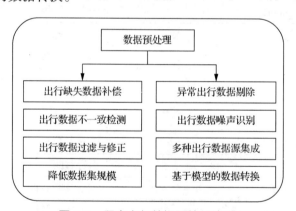

图 7-2　用户出行数据预处理流程

4. 城市公交用户出行数据特征分析

从移动终端用户的轨迹中判别交通方式是一个典型的模式识别问题,需根据轨迹对象的统计特征寻找合适的统计量,并使用机器学习算法建立判别规则。交通方式判别工作包括出行段分割、统计量选取、机器学习 3 个步骤。首先根据出行轨迹信息识别停驻,并根据停驻将出行轨迹分割成多种出行,根据换乘点将某种出行分割成只含一种交通方式的出行段;然后选取分割后的出行段;最后基于出行段运用机器学习算法识别出行方式。分析挖掘公交用户出行行为,可通过公共交通数据等多源数据集对用户的出行特点进行分析,包括用户乘车频次、多段换乘出行情况、短途出行情况及出行时段。

（1）用户乘车频次

　　将清洗后的公交卡刷卡数据按用户分组，将员工卡和特殊人群的刷卡数据滤除，对单个用户的出行频次进行统计，将出行次数区间划分为(0,10]、(10,20]、(20,30]、(30,40]、(40,50]、(50,+∞)共 6 个区间范围，计算每个区间对应的刷卡人数分布，如图 7-3 所示，大部分用户 5 月份刷卡次数集中在 30 到 40 次，只有少部分用户的刷卡次数大于 50 次。

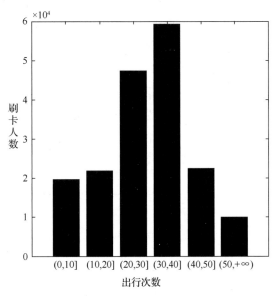

图 7-3　出行次数与刷卡人数关系

　　为了更加清晰地了解用户的刷卡次数分布情况，绘制刷卡频次的累计分布图，如图 7-4 所示，刷卡次数在 60 次以下的用户占比 80%，大多数用户的刷卡次数集中在 30 到 60 次。根据长尾效应可得出，在 70 次左右的位置，累次百分比基本趋于 100%，说明大于 70 次的用户几乎为 0，概率线已趋于平滑。

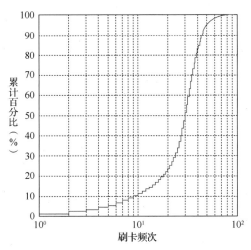

图 7-4　刷卡频次累计分布图

大数据导论

长尾效应（Long Tail Effect）："头"（head）和"尾"（tail）是两个统计学名词，正态曲线中间的突起部分叫"头"；两边相对平缓的部分叫"尾"。从人们需求的角度来看，大多数的需求会集中在头部，可以称之为流行的需求；而分布在尾部的需求是个性化零散的小量需求，这些差异化的、少量的需求会在需求曲线上形成一条长长的"尾巴"。

（2）多段换乘出行情况

用户的出行链与单次出行相比更具有特征描述性，如果用户在一次出行完成之后的一定时间范围和距离之内进行了第二次乘车，可以将这两次或多次乘车看作一次出行行为，将多次出行行为链接起来，即为用户此次的出行链。出行换乘方式可能是公交换乘地铁、公交换乘公交、地铁换乘公交等。

将出行次数与刷卡次数对比分析，如图 7-5 所示，刷卡次数与出行次数累计分布如图 7-6 所示。图 7-5 将出行次数区间划分为(0,10]、(10,20]、(20,30]、(30,40]、(40,50]、(50,+∞)共 6 个区间范围，说明刷卡次数相对较多的用户出行大多需要换乘多次，经过的站点数也相对较多。图 7-6 则表示刷卡次数越多，出行的次数也相对较多。

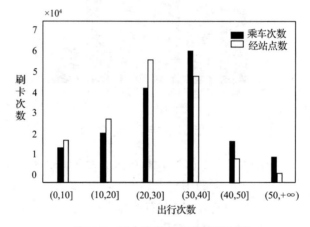

图 7-5　刷卡次数与出行次数对比

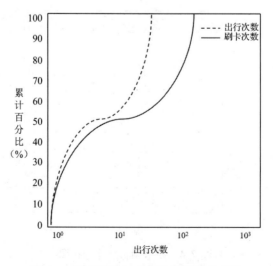

图 7-6　刷卡次数与出行次数累计分布图

146

（3）短途出行情况

用户每次出行途经的站点数也是分析出行行为的特征值之一，站点数的多少可直接衡量出行距离的远近，经过站点数较少的出行可看作短途出行。出行距离的长短可作为人群分类的维度之一。根据统计分析结果设定短途的判断阈值，站点数小于等于阈值的出行就认定为是短途出行，短途出行情况如图 7-7 所示。

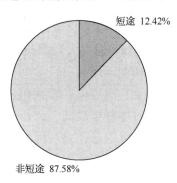

图 7-7　短途出行情况

由图 7-7 可以看出，有短途乘车行为的用户占 12.42%，非短途乘车行为的用户占 87.58%。说明短途出行主要集中在小部分人群，短途出行情况作为特征值具有一定的区分作用。

（4）出行时段

将一天 24 小时均分为 24 个出行时间段，以上车刷卡时间为出行的时间基准，以一小时的时间段的长度统计刷卡人数，如图 7-8 所示。出行时段的不同可以体现出行目的和习惯的不同，如上班族一般选择 6 点到 8 点、17 点到 18 点上下班。16 点左右多为中小学生放学乘车，高峰过后可能是休闲出行的人居多。由图 7-8 可明显看出两个出行峰值，即早高峰和晚高峰，早高峰峰值高于晚高峰，原因可能是下班和放学时间不同；0 点到 5 点乘车人数基本为零，可能是凌晨之后部分公交和地铁停运而导致的。

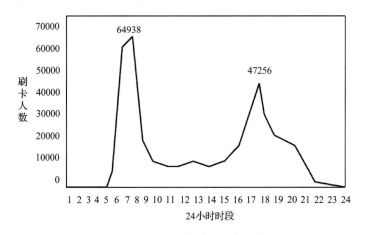

图 7-8　24 小时时段刷卡人数

本节主要利用公共交通数据分析用户出行情况，包括出行数据预处理和出行数据特征分析。通过分析出行用户公交卡刷卡数据及公交 GPS 定位系统每天的位置和时间数据，结合交通流量数据趋势的变化，可以很好地帮助公交部门进行运营线路的调整，实现精准调度、精确服务，同时方便用户选择最佳的出行时间和最优路线。

7.1.2　环保监测

受到数据信息采集薄弱、分析误差等客观因素限制，环保决策失误时有发生。当前，各省市环保部门纷纷引入智慧分析系统，通过大数据技术收集信息，确保数据信息充足，分析结果准确。利用智慧分析系统辅助环保部门科学决策，通过环境业务与地理信息系统的结合，实现生态环保高度信息化、现代化、智慧化，及时把握生态环境发展机遇，破解生态污染难题，将环保决策失败率降至最低。此外，智慧分析系统能够直观呈现天气、水质、空气质量、植被覆盖等数据信息，并对可能发生的气象灾害、环境污染进行提示，环保部门可通过智慧分析系统观测辖区生态状况，为环境治理提供科学的解决方案。

1．大数据在环保监测中的优势

近年来，随着移动终端、传感器和智能终端等物联网监测设备投入使用，数据呈现爆发式增长。随着环境监测的粒度变细和状态变量增多，环保数据呈现出异构性、高维度、关联紧密等特点。大数据技术利用物联网、数据挖掘和人工智能等技术，对类型多样的数据进行快速处理和存储，并能从不同的角度、维度挖掘有价值的信息，成为从海量数据中挖掘知识和揭示数据背后客观规律的有力武器。

2．环保监测大数据平台框架结构

环保大数据监测平台不仅考虑当前业务需求，还要考虑未来业务需求变化，因此平台采用稳定且易扩展的方式进行设计。环境监测平台由数据采集层、数据处理层、数据计算层和数据应用层组成。大数据环境监测平台框架结构如图 7-9 所示，在保证数据真实的前提下，通过传感器网络、远程监控、摄像头、过程监测、全方位监测等设备，从多个维度、时空属性、不同的粒度进行数据采集。有噪声的数据经过整合与处理，转换为标准数据。再借助数据计算框架，如海量数据处理框架 Hadoop 中的核心组件 MapReduce、数据处理框架 Spark 或 Storm、图数据处理框架 GraphX 等对数据进行计算。最后在应用层实现智能监控、自动预警、智能分析、污染物溯源和智能呈现等功能。因为数据涉及各个企业的内部私密信息，所以存储系统要加强安全性和保密性措施，确保数据安全存储。

3．环保监测平台的数据处理

大数据环境监测平台将前端采集积累到的监测数据资源、污染源数据、机动车排污等数据资源进行整合，集中到数据库平台中，方便查询、分析和管理。采集的数据含有噪声数据，无法直接建模，需要对数据进行规范化处理，通过缺失数据补充、冗余数据

删除、数据类型转换、数据分类、数据融合等操作将数据整理成标准数据。

图 7-9　大数据环境监测平台框架结构

4．环保大数据平台的应用

数据环境监测平台可实现对数据的高效化管理，有效提高环境监测水平。下面分别从污染物排放预警、污染物溯源、科学决策 3 个方面对监测平台的应用进行阐述。

（1）污染物排放预警

目前环境监测制度不够完善，部分企业擅自调整排污监控设备或对排污数据造假，排放的污染物仍高于国家制定标准。污染物排放预警正是利用大数据技术，对某一地区的环境污染以及未来的发展趋势进行建模与分析，从而给出科学预测。通过分析污染物的变化规律，对可能出现的污染事件进行预警，对于打造区域生态环境监测网络具有重要的推进作用。

（2）污染物溯源

污染物溯源机制不够完善，部分企业污染物偷排、偷放现象严重。污染物溯源即根据提前安装的点监测设备或线监测设备，实时监测污染物从源头到监测点的轨迹和浓度变化信息，通过对污染物浓度进行定量分析并与轨迹信息进行匹配，实现对污染物的定位和溯源。该技术不仅用于监管企业的偷排行为，还可对生产过程中的污染物处理进行全过程监测，为企业的生产工艺改进提供科学依据。

（3）科学决策

利用大数据技术对数据进行挖掘和分析，通过找到数据背后的客观规律，使环境监测平台在环境监测和治理过程中用数据思维的方式进行科学决策；与以经验为主的传统方式相比，使资源配置更优化，环境治理更精准。例如，种植农作物过程中滥用化肥、农药，造成了土壤和地下水的严重污染，通过对农作物种植数据、化肥和农药数据进行综合分析，可设计出一个高效、低污染、高产出的绿色农业生产模式，减少环境中重金属的污染。在汽车排气排放物方面，分析不同地区交通路线和车辆运行轨迹等信息，对车辆的运行路线和红绿灯等待时间进行动态调度和调整，可有效减少汽车排气排放物排放，对未来道路的规划有科学的指导作用。

本节阐述了大数据如何推动智慧环保落地。大数据技术为环境监测提供了新的发展方向，将大数据应用在环境监测方面不仅可以提高环保工作的效率，还可使环境监测更科学、更智能，对于建设完善的生态监测系统具有重要的推动作用。

7.2 大数据技术在金融领域的应用

我国金融科技快速发展，在多个领域已经位于世界前列。大数据、人工智能、云计算、移动互联网等技术与金融业务深度融合，大大推动了金融业转型升级，助力金融更好地服务实体经济，有效促进了金融业的整体发展。大数据与金融领域的融合是时代发展的必然产物，大数据技术对数据处理的效率在市场变化、用户营销、产品优化、销售竞争等多方面应用的便捷性、有效性是不言而喻的。将金融数据信息进行深度挖掘与有效把握，可以帮助企业掌握自身经营状况，更准确地预测市场变化，为优化产业布局、分析客户交易、改进产品提供有效的数据支撑。

7.2.1 股票价格涨跌趋势预测

股票市场发展到目前产生了海量的数据，包括股票行情数据和股票交易数据，股票金融分析与当今火热的大数据有很高的契合度。股票交易历史数据往往被人们所忽略，或在对历史数据进行分析的过程中难以深层次地挖掘其真正的价值，导致信息的利用率较低。因此，利用大数据分析技术去探索挖掘大量股票数据背后蕴含的价值信息有着广阔的前景。

1. 股票价格涨跌趋势预测案例任务

股票市场自身具有高噪声、非线性的特点，而 BP（Back Propagation）神经网络算法可以较好地克服高噪声、非线性的缺陷来对个股股票进行分析。充分利用大数据技术的优势，结合神经网络算法，对股票的历史数据进行分析，尽可能有效地挖掘隐藏在大量数据中的规律，从而预测股票的价格走势。

2. 股票价格涨跌趋势预测技术选择

采用 BP 神经网络算法对股票价格进行预测，将股票市场所采用的技术指标作为神经网络输入变量，利用逐步回归方法筛选出影响股票价格涨跌的变量，从而建立起 BP 神经网络模型。在本案例中选取通过统计方法筛选出的与输出变量相关的传统技术指标作为输入变量，选取 5 个交易日后的股价涨跌作为输出变量，通过 BP 神经网络算法预测股票价格涨跌趋势，以便提供科学、理性的投资建议。

（1）BP 神经网络

BP 神经网络是一种按照误差逆向传播算法训练的多层前馈神经网络，也称为误差反向传播神经网络。其构造的基本思路是：由信号的正向传播和反向传播两部分构成一个完整的学习过程，信号样本值先从输入层输入，经过隐藏层时按照制定的规则进行处理，再从输出层将信号输出，若输出的样本值与期望值存在较大差异则进行反向传播，通过调节各个参数的权重重新进行训练学习，如此循环往复直到达到预期的标准为止。

（2）BP 神经网络模型的参数确定

对 BP 神经网络模型的参数进行选择，通过获取股票的收盘价和开盘价等指标对 BP 神经网络模型进行训练。首先，由于各个股票的数据存在数量级的差别，为了减少因数量级差别而造成的非主要因素误差，需要对数据进行归一化处理。然后，对隐藏层节点数的数量进行确认，隐藏层节点的个数与 BP 神经网络模型预测股票指标的精度之间关系密切，数量过多或过少都将对预测精度产生重大影响。

3. 股票价格涨跌趋势预测数据处理

股票交易走势能透露出一些隐藏信息，往往存在很强的规律性，借助计算机对数据处理和挖掘的能力，可以更准确地得到股票走势对股票未来价格影响的模式。首先收集目前市场上常被使用的技术指标，当作"候选"的输入变量，然后采用逐步回归方法来筛选候选变量，以决定哪些是影响股价变动的关键因素。例如，随机选取上市公司交易日的数据计算出技术指标（输入变量），然后与 5 个交易日后的股价涨跌幅度（输出变量）合并成单一的数据文件，将该上市公司的数据以逐步回归的方法进行分析，分析出技术指标与未来 5 个交易日股价涨跌幅度的统计相关性。以统计分析为主，各技术指标本身特性为辅，选出具有代表性的技术指标作为固定输入变量。

4. 股票价格涨跌趋势预测算法实现

经过多次调试试验，最终确定最佳的隐藏层节点的数量为 20。然后对 BP 神经网络结构进行确定，用数学软件中的 BP 神经网络工具箱进行仿真实验。最后，对实验数据进行选取。为了最大限度地体现普适性，选取了 4 只股票进行预测，分别是股票 A、股票 B、股票 C、股票 D。

通过大数据的收集和整理，选取 2021 年 3 月至 4 月共 61 个交易日的记录为实验基础，其中选择 31 组交易数据对 BP 神经网络进行训练，剩下 30 组数据待输出结果后与实际值进行对比。图 7-10～图 7-13 是经过 BP 神经网络训练学习之后，预测的 30 组数据的输出值与实际值相对比所产生的 4 只股票收盘价的相对误差图。

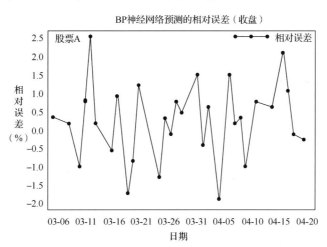

图 7-10　BP 神经网络预测的股票 A 收盘价的相对误差

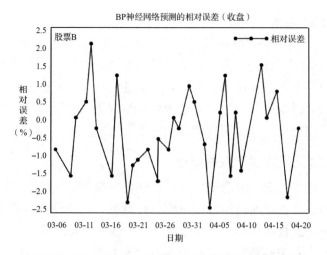

图 7-11　BP 神经网络预测的股票 B 收盘价的相对误差

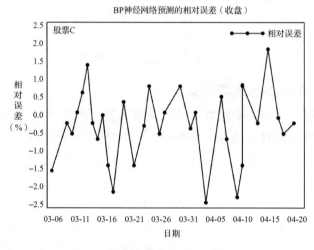

图 7-12　BP 神经网络预测的股票 C 收盘价的相对误差

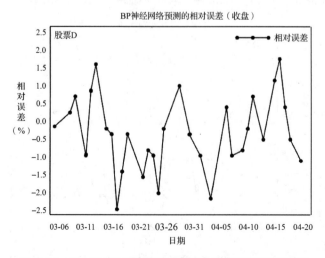

图 7-13　BP 神经网络预测的股票 D 收盘价的相对误差

5. 股票价格涨跌趋势预测分析

将股票 A、股票 B、股票 C、股票 D 这 4 只股票的历史数据在 BP 神经网络模型中进行学习训练，得出 31 组经过学习之后输出的预测值，然后将预测值与实际值相对比，进一步得出了 4 只股票的相对误差图。通过图 7-10～图 7-13 不难发现，A、B、C 和 D 这 4 只股票的相对误差控制在±2.5%以内，已经能够较好地对股票收盘的价格以及趋势进行预测，可以实现利用 BP 神经网络模型对股票进行指导性预测，实现为广大股民提供科学、理性投资方案的目的。

7.2.2　上市公司综合能力聚类分析

随着经济的发展，旅游逐渐成为人们追求幸福的普遍选择，旅游业开始成为拉动经济和消费增长的新动力。2019 年，旅游行业进一步发展，一份授权于中国旅游研究院的报告表明，2019 年国内旅游和入境旅游人数与去年相比同比增长 8.4%和 3.1%，全国旅游业对 GDP 的年综合贡献占 GDP 总量的 11.05%，并且旅游业在促进直接和间接就业方面也发挥着重要作用。旅游上市公司是旅游业发展的重要推动力量，其通过旅游生态圈的构建推动旅游业的发展。可利用大数据技术，采用因子分析法和聚类分析法对旅游上市公司的经营绩效进行评价、比较，分析旅游上市公司的经营绩效，提出相应的改善措施，为旅游上市公司的高质量发展提供参考。

1. 上市公司综合能力分析案例任务

上市公司经营业绩研究主要包括研究方法和指标选取两个部分，在研究方法方面，评价上市企业经营绩效所采用的方法主要有财务指标评价法、综合评价法和因子分析法。另外，还有基于灰色理论进行银行上市公司的绩效评价，以及运用熵权法对户外用品上市公司的经营业绩进行评价。对于旅游上市公司，专家提出运用模糊改进方法对公司财务风险进行评价，运用数据包络分析（Data Envelopment Analysis，DEA）模型对公司经营效率进行测度，运用因子分析法进行行业绩效评价。

2. 上市公司综合能力分析技术选择

目前，我国旅游上市公司的研究大多集中于经营绩效的影响因素方面，对经营绩效评价的研究不足。本小节主要基于因子分析法评价的客观性和综合性，采取因子分析法和聚类分析法对旅游上市公司的经营绩效进行评价，通过 4 种能力的指标选取和样本选取确定因子数量。

（1）指标选取。指标选取应该满足发展性、全面性、适当性和可计算性，研究将从赢利能力、偿债能力、发展能力和营运能力 4 个方面选取指标，以科学、全面、客观地进行因子分析。本节选取每股收益、净资产收益率等 9 个指标进行因子分析，指标选取结果如表 7-3 所示。

表 7-3　指标选取结果

指标	因子	指标	因子
每股收益	X1	速动比率	X6
净资产收益率	X2	总资产周转率	X7
销售净利率	X3	存货周转率	X8
资产负债率	X4	营业收入增长率	X9
流动比率	X5		

（2）样本选取。基于财务报表与东方财富网数据中心的数据，选取了沪深交易所的24 家 A 股旅游上市公司，然后运用分析工具探究上市公司综合能力的影响因子。

（3）因子数量确定。通过因子分析法可得，表 7-3 中的前 3 个因子每股收益、净资产收益率、销售净利率的方差贡献率分别为 36.55%、26.081%、18.581%，累计方差贡献为 81.212%，且特征根值大于 1，表明因子每股收益、净资产收益率、销售净利率对样本数据总体信息的衡量程度为 81.212%，大部分信息可被反映出来。因此，旅游上市公司的经营绩效可通过表 7-3 中的前 3 个因子进行评价。

3. 上市公司综合能力分析数据预处理

通过构建财务能力评价指标体系与上市公司财务能力状况的因子分析模型，对上市公司的财务能力进行分析，并对上市公司的财务能力得分进行排序，客观合理评价公司的财务状况，可为投资者、管理者的投资选择、管理决策提供参考。本小节将通过因子命名计算因子综合得分，从而进行综合排名。

（1）因子命名

通过因子旋转可以进一步明晰变量归属，采用方差最大正交旋转法（方差最大正交旋转法是在主成分分析或因子分析中使用的一种方法，通过坐标变换使各个因子载荷的方差之和最大），可以更有利于解释因子每股收益、净资产收益率、销售净利率的含义，由旋转后的因子载荷可以得出如下因子命名。

① 因子 1，即每股收益，载荷较高的指标有速动比率、流动比率、资产负债率，主要反映偿债能力，可以认为因子 1 指标越高企业偿债能力越强，因此可以将因子 1 命名为偿债因子。

② 因子 2，即净资产收益率，载荷较高的指标包括净资产收益率、每股收益、销售净利率、营业收入增长率。因子 2 指标越高表明企业赢利能力和发展能力越强，因此可以将其命名为赢利和成长因子。

③ 因子 3，即销售净利率，载荷较高的指标包括总资产周转率、存货周转率，因子 3 指标可以用来衡量营运能力，因此可以将其命名为营运因子。

（2）因子得分与综合得分计算

通过计算可以得出因子得分系数矩阵，计算因子得分并排序，进一步可得出综合得分，计算公式如式（7-1）所示，其中 $F1$、$F2$、$F3$ 表示各主成分对应的权重。

$$F=（0.3655 \times F1+0.2608 \times F2+0.1858 \times F3）/0.81212 \qquad （7-1）$$

根据式（7-1）计算得出，综合业绩得分排名前七的有：公司 1、公司 4、公司 7、公司 9、公司 13、公司 6、公司 5。其中公司 1 综合绩效得分高于其他企业的得分，公司 5 的综合得分为-1.63，低于其他企业。因子得分和综合排名如表 7-4 所示，因子得分和综合排名的雷达图如图 7-14 所示。

表 7-4　因子得分和综合排名

旅游上市公司	偿债因子	盈利和成长因子	营运因子	综合得分	综合排名
公司 1	3.00252	-0.57814	-0.16966	1.13	1
公司 4	-0.17085	2.43172	1.50713	1.05	2
公司 7	2.17987	0.06324	-0.32869	0.93	3
公司 9	-0.10198	-0.96113	4.12513	0.59	4
公司 13	0.87428	0.68306	-0.28910	0.55	5
公司 6	1.31748	-0.33980	-0.24181	0.43	6
公司 5	0.42774	0.22721	-0.30660	-1.63	7

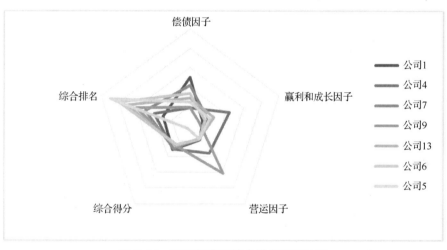

图 7-14　因子得分和综合排名的雷达图

4．上市公司综合能力应用分析

在因子分析的基础上进行 K 均值聚类分析，聚类结果如表 7-5 所示。

表 7-5　中国旅游上市公司聚类结果

类别	旅游上市公司	业绩得分
第一类	公司 1、公司 4	高
第二类	公司 7	较高
第三类	公司 9、公司 13	低
第四类	公司 6	较低
第五类	公司 5	一般

根据表 7-4、图 7-14 和表 7-5，旅游上市公司可以分为如下 5 类。

（1）第一类综合得分高，偿债能力、收益性、成长性良好，此类代表有公司 1、公司 4。

（2）第二类综合得分高，收益性、成长性良好，但偿债能力较差，此类代表有公司 7。

（3）第三类综合得分低，偿债能力、收益性、成长性较差，此类代表公司 9、公司 13。

（4）第四类综合得分较低，偿债能力、收益性、成长性差，此类代表有公司 6。

（5）第五类综合得分一般，偿债能力、收益性、成长性一般，此类代表有公司 5。

结果表明，旅游上市公司的经营绩效不够理想。不同企业在不同因子上的得分一般不同，能兼顾偿债能力、赢利能力、成长能力、营运能力的企业较少，大都各项一般，或其中一项较好、其他较差。

通过综合能力分析，企业可以从 3 个方面改善公司绩效，如表 7-6 所示。

表 7-6　改善公司绩效的建议与说明

建议	说明
合理多元化	目前多元化已成为旅游业的普遍现象，从公司的实际状况出发，合理地涉足其他产业，有利于旅游上市公司获得规模效应从而提升绩效
提高企业投资效率	旅游企业投资效率与企业的成长性呈显著正相关，可以通过监管信息质量、扩大资本市场、提高企业管理促进投资效率，推动企业成长
提高抗风险能力	重大事件带来的冲击对于旅游业来说几乎是毁灭性的，企业需要建立完善的危机管理制度、制定各种风险的应急预案，建立实时的信息监控系统用于及时获得旅游目的地的安全状况，并向游客提供警示

7.3　大数据技术在互联网领域的应用

伴随着我国互联网技术及计算机技术研究的日益深入，由此产生的信息呈几何式增长态势，并且引发了数据量激增，可通过对数据的深入挖掘、再利用、重新组合来持续发挥其潜在价值。移动互联网精准营销是大数据时代背景下的新型营销模式，在互联网技术和通信技术迅猛发展的背景下，无论是营销内容、呈现形式和投放方式，还是广告主、广告商、用户之间的角色定位、传播效果和用户体验，都有了颠覆性和创新性的变化。因此，移动互联网如何借助大数据实现满足用户个性化需求的精准营销，以及如何有效监测营销效果，成为业界及学者们共同关注的课题。

7.3.1　电子商务营销

国内外的电子商务巨头如淘宝、京东、沃尔玛等，在电子商务领域占据一方势力，原因之一是它们能充分利用大数据技术。利用大数据技术对网络购物、网络消费、网络团购、网上支付等信息进行深度挖掘、深入分析，可发现大量有价值的信息与统计规律，对布局和推动互联网经济的健康有序发展、加强国家对该领域的宏观调控和监管等，产生积极的影响。电子商务的竞争在很大程度上就是大数据的竞争，经历了基于用户数量的时代、基于销量的时代，目前，电子商务已经处在大数据时代。

　　近年来，淘宝、京东等网络零售第三方交易平台和电子商务网站上已经聚集了大量的经营者、消费者和商品服务，并因此而衍生出了大量的数据。电子商务企业通过对海量数据进行收集、分析、整合，挖掘出有用的信息，分析不同用户群体的特征，然后根据用户的需求和兴趣在准确时间为用户投放准确的广告，从而保证营销的有效性。通过基本的统计信息及客户潜在需求、购物行为、购物关注点等来挖掘相应的营销策略，利用多方位采集的用户数据信息来界定消费者，可实现更加精准的营销效果。

7.3.2　音乐推荐系统

　　基于大数据的音乐推荐系统是现今在线音乐服务必备的内容，用户收听音乐的行为，如反复收听、收听过程中跳过一首歌曲、收藏一个专辑等，都反映了用户对音乐的喜好倾向。可以根据用户收听音乐产生的日志数据，统计用户收听了哪些歌手的歌曲、分别收听了几次，将次数转换成评分，然后给用户推荐可能感兴趣的歌手和歌曲。

1. 音乐推荐系统框架结构

　　音乐推荐系统通常由用户偏好模型、音乐资源模块和推荐算法 3 个部分组成，如图 7-15 所示，其中，音乐资源模块主要包括对音乐资源（歌曲、歌手、专辑等）的组织和管理，通过定义不同级别的复杂度和抽象程度来构建音乐特征数据库，为音乐推荐模型提供有效的输入数据。音乐推荐系统通过对用户的偏好模型和音乐资源模块采用推荐算法得出推荐列表，反之，推荐列表也能用于用户偏好模型的训练。

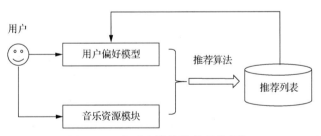

图 7-15　音乐个性化推荐系统框架

2. 音乐推荐系统技术选择

　　协同过滤（Collaborative Filtering，CF）是推荐算法中普遍的类型，基于用户的协同过滤方法在线查找用户之间的相似度关系，其计算复杂度比基于项目的协同过滤方法难度更高，根据相似用户对某物品的喜好，产生对目标用户的推荐列表或喜好程度的预测。

　　交替最小二乘法（Alternating Least Squares，ALS）在机器学习中特指使用最小二乘法求解的协同过滤算法中的一种。ALS 算法在构建 Spark 推荐系统时，是被使用得

大数据导论

最多的协同过滤算法，集成到了 Spark ML 库和 MLlib 库中［ML 库算法接口基于DataFrame，MLlib 库算法接口基于 RDD（Resilient Distributed Data Sets），ML 库的使用越来越普遍］。ALS 算法属于 User-Item CF，是同时考虑到用户和物品的算法，是基于矩阵分解的协同过滤算法。

3. 音乐推荐系统数据处理

本系统使用关系数据库保存的音乐信息、用户评分信息和音乐推荐结果信息，3 份信息保存在数据库 musicrecommend 内，音乐信息表 musicinfo 如表 7-7 所示，用户评分表 personalratings 如表 7-8 所示，音乐推荐结果表 recommendresult 如表 7-9 所示，其中，音乐信息表 musicinfo 包含 50581 条记录。本系统使用 Hadoop 与 Spark 统一部署环境，基于 ALS 协同过滤算法及关系数据库，建立基于 Spark 的底层推荐算法，利用拟牛顿法解决优化约束问题，使用 Node.js 搭建音乐推荐系统前端。

表 7-7 音乐信息表 musicinfo

字段	数据类型	可否为空	说明
musicid	int	NOT NULL	音乐 ID，主键
musicname	varchar	YES	音乐名称
releasetime	date	YES	音乐上映时间
leadactors	varchar	YES	音乐主唱
picture	varchar	YES	音乐海报
averaging	double	YES	音乐平均评分
numrating	int	YES	参与音乐评分人数
description	varchar	YES	音乐简介
typelist	varchar	YES	音乐类型

表 7-8 用户评分表 personalratings

字段	数据类型	可否为空	说明
userid	int	YES	用户 ID
musicid	int	YES	音乐 ID
rating	float	YES	用户对音乐的评分
timestamp	char	YES	评分时间

表 7-9 音乐推荐结果表 recommendresult

字段	数据类型	可否为空	说明
userid	int	YES	用户 ID
musicid	int	YES	音乐 ID

续表

字段	数据类型	可否为空	说明
rating	float	YES	用户对音乐的评分
musicname	varchar	YES	音乐名称

推荐算法是本系统最核心的内容，结合用户的评分结果与大规模评分数据集，通过Spark 程序计算用户的个性化推荐结果。针对 Spark 交替最小二乘法的时间与迭代次数成正比的特性，利用拟牛顿法解决优化约束问题，使迭代次数变小，从而提高运行效率。首先，程序会读取用户对音乐的评分与 HDFS 目录中大量样本的评分数据，内容包括：表7-8 和表 7-9 中的用户 ID（userid），表 7-7、表 7-8 和表 7-9 中的音乐 ID（musicid），表 7-8和表 7-9 中的用户对音乐的评分（rating）及表 7-8 中的评分时间（timestamp）。然后将样本评分表分成 3 部分，用于训练（60%，并加入用户评分）、校验（20%）和测试（20%）。

4．音乐推荐系统应用分析

利用数据库 musicrecommend 中的 3 份数据进行实验，通过算法不断对训练集学习，可以发现，利用主成分分析法（Principal Component Analysis，PCA）将原始评分矩阵从943×1682 降维到 943×1000，实验结果最好，即 $d=1000$ 时推荐效果最好，拟牛顿法比传统的推荐算法准确率更高。

平均绝对误差（Mean Absolute Error，MAE），因其离差（预测值与实际观测值之差）被绝对值化的特性，可避免误差正负相互抵消，更准确地反映实际预测误差的大小，综合评价指标更合理。基于标签重要程度的协调过滤文献算法、传统协同过滤算法及本节使用的优化算法之间的综合性能比较如图 7-16 所示，由于 MAE 值越小说明模型质量越好、预测越准确，所以本节使用的优化算法质量最好，使用优化算法的推荐系统可以降低推荐时间，提高推荐准确率。

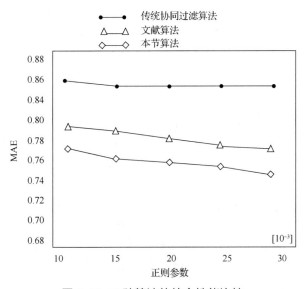

图 7-16 3 种算法的综合性能比较

159

本节运用基于交替最小二乘法的协同过滤优化算法——拟牛顿法实现了音乐推荐，有效减少了迭代次数，加快了推荐速度，减小了预测误差。针对音乐推荐系统提出的过滤优化算法，根据用户对音乐的评分，划分用户的兴趣分类，挖掘隐含特征，与用户评分加以关联，实现了更好的推荐效果。

7.4 大数据技术在零售行业的应用

大数据时代改变了人们对零售的定义，对传统零售业产生了一定的影响，使传统零售业面临一定的挑战，也使其具备了创新发展的机遇。对传统零售业而言，发展基础就是产品和消费者，但在大数据时代，人们对零售的概念重新进行了界定——尽最大努力了解消费者的需求，让顾客付出最小的成本获取最大的价值。在大数据时代，数据和信息不再是经营行为的副产品，而是直接影响营销决策的具体因素，与渠道和价格同样重要。

7.4.1 购物篮分析

在零售行业，现代连锁零售企业有着海量的交易数据，对交易数据进行有效的挖掘可以帮助企业提升科学管理水平。购物篮分析（Market Basket Analysis）是数据挖掘技术在零售业的典型应用之一，旨在从零售记录中分析出顾客经常同时购买的商品组合，挖掘出购物篮中有价值的信息。购物篮分析是一种基于用户的行为数据进行相关性分析的方法，针对全体用户在一段时间的购物篮数据，通过数据挖掘的技术手段发现其中隐藏的相关性规律，最终利用挖掘得出的相关性结论更好地服务客户，产生商业价值。

1. 购物篮分析案例任务

假设分店经理想更多地了解顾客的购物习惯，特别是想知道顾客可能会在一次购物时同时购买哪些商品，就可以对商店的顾客零售商品的数量进行购物篮分析。该过程通过发现顾客放入"购物篮"中的不同商品之间的关联，分析顾客的购物习惯，帮助零售商了解哪些商品频繁地被顾客同时购买，从而帮助商家开发更好的营销策略。关联规则是形如 X→Y 的蕴含式，其中 X 和 Y 分别称为关联规则的先导（Antecedent 或 Left-Hand-Side，LHS）和后继（Consequent 或 Right-Hand-Side，RHS）。因此，可以认为顾客的购买行为是一种整体行为，购买一件商品可能会影响到其他商品的购买，从而影响到每个购物篮的利润，所以购物篮分析的目标就是寻找重要而且有价值的购物信息。

2. 购物篮分析技术选择

购物篮分析是关联规则在零售业的一个重要应用，通过发现顾客每次放入购物篮的商品之间的联系，分析顾客的购买行为，并辅助零售企业制定营销策略。在电子商务中，商品的类别都是按照层次结构进行分类的，所谓层次结构，是指商品类别之间存在的一个树状结构。例如，饮料可以分为碳酸饮料、运动饮料、饮用水等，碳酸饮料可以继续分为可乐、其他汽水等，饮用水可以分为矿泉水、蒸馏水等，还可以按照不同品牌、厂商等继续分类。为了进行后面的研究，需要根据交易数据挖掘出一棵商品层次结构树，其中每个节点作为一个商品分类。在购物篮分析中，主要参考的商品相关性分析指标有支持度、置信度。支持度是指多个商品同时出现在同一个购物篮的概率，支持度低则说明商品不具有关联性。置信度用于衡量支持度的可信度及数据强度，即 A 出现时，B 以多大的概率出现，同时满足最小支持度和最小置信度的强关联规则。

构建商品层次结构树，如图 7-17 所示，可以得到每个节点的父节点和兄弟节点信息，从而判断不同商品是否属于同一父类，为生成购物篮时加入约束条件提供支持。另一方面，因为在生成商品层次结构树的过程中需要遍历交易数据，所以还可以进行统计分析的工作，辅助商品销售分析。

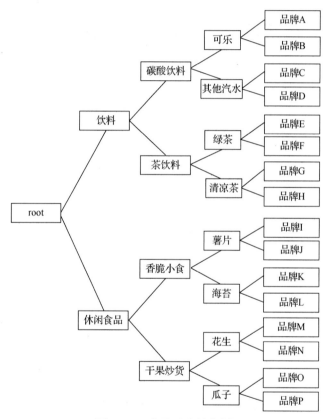

图 7-17　商品层次结构树

3. 购物篮分析数据挖掘

通过购物篮分析可以为用户提供其想要的搭配或套餐，套餐销量的提升一般会带来客单价的提升，从而提高公司收益。在大型连锁超市中，随着信息化水平的提升，一般都会对出售的商品进行层次划分，建立商品目录。但是不同门店的销售情况并不相同，同一个门店不同时间的销售情况也会不同。因此，此处选择根据实际交易数据生成商品销售树，得到的商品层次结构更具针对性，可以提高后续购物篮分析的准确性与合理性，也方便对所选择的交易数据进行商品销售分析。

4．购物篮应用分析

结合挖掘出的商品层次结构树，在树的每个节点添加统计信息，从而进行商品销售分析。例如，一棵含有统计信息的商品层次结构树，树中每个节点有节点名称、销售量、销售额占比 3 个属性值，如图 7-18 所示，其中 n 表示商品的销售量，%表示销售额占比。考虑到大型零售企业出售的商品达到几万种，在做销售分析时将众多商品同时展示出来是不现实的，因此以参数的形式来控制展示树每一层的节点个数，图 7-18 中树的每层节点只显示 5 个小类，企业可以聚焦销售量最大的几种商品，从而制定相应的销售策略。

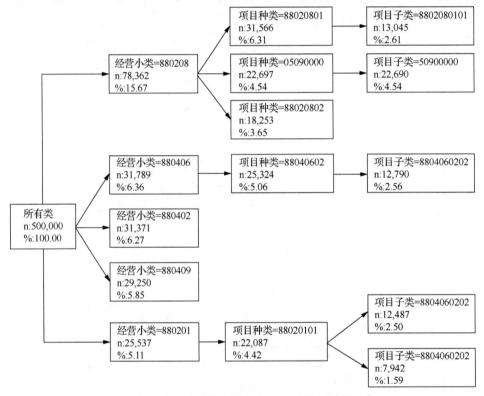

图 7-18　含有统计信息的商品层次结构树（部分）

此外，由于零售商品销售具有较强的时间特性，企业往往需要比较不同时间段的销售情况。因此，还可以根据不同时间段的交易数据生成不同的商品层次结构树来对比销售的变化情况。一月的交易数据生成的商品层次结构树如图 7-19 所示，二月的交易数据生成的商品层次结构树如图 7-20 所示，对比两棵树可以发现各个层次中商品的销售变化情况。如在顶层的商品中，一月中经营小类编号为 880201 的商品在二月中没有出现，替换为编号 880411 的商品，即意味着经营小类编号为 880201 的商品在二月时的销售情况不占当月销量 Top 5，编号 880411 的商品在二月时成为当月的主要需求之一，企业可以分析其中的变化原因。

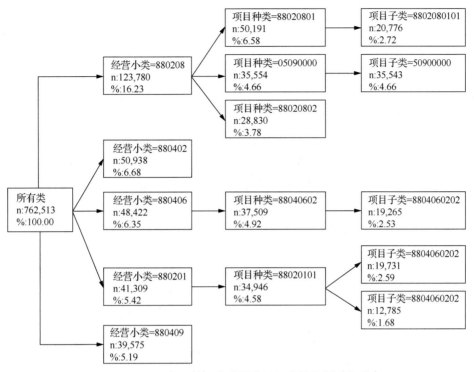

图 7-19 一月交易数据生成的商品层次结构树（部分）

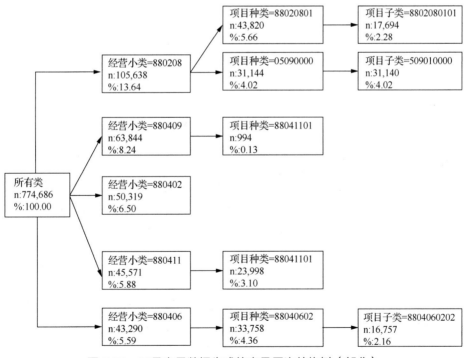

图 7-20 二月交易数据生成的商品层次结构树（部分）

购物篮分析技术的广泛应用大大提高了零售企业的经营管理水平，给企业带来了巨大的效益。本小节主要介绍了商品层次结构树的挖掘与应用，一方面，商品层次结构树可以进行销售分析，通过对比不同时间窗口的商品销售树可以发现商品销售的变化情况，企业不仅可以看到传统销售分析中的统计数据，还能直观地看出各个商品层次的销售情况；另一方面，商品层次结构树也隐含了商品之间的层次信息及关联度。

7.4.2 客户价值分析

客户价值对企业经营发展有着重要影响，主要是指客户针对某一产品服务而产生的基于收益和成本之间的比较。由此可见，客户价值与企业的产品以及服务之间有着非常密切的关联，也是企业产品与服务感知的重要表现。近年来，能否实现对客户价值的有效挖掘已经成为影响企业发展的重要因素。因此在大数据时代，研究如何有效实现对客户价值的挖掘成为企业经营发展中的重要工作，可有效提高企业在市场中的竞争实力。客户价值金字塔参考如图 7-21 所示。

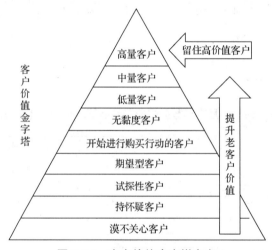

图 7-21　客户价值金字塔参考

1. 航空公司客户价值分析案例任务

以不同航空公司提供的客户数据，对数据进行清洗、特征选取、标准化处理后，对不同性别的客户、不同会员等级的客户、不同年龄段的会员分布以及各年份客户入会人数进行画像分析，可帮助航空公司更好地了解用户需求、提高产品的用户体验等。

2. 航空公司客户价值数据处理

原始数据给出了客户的基本信息和在观测窗口内的消费积分等相关信息，其中包含会员卡号、入会时间、性别、年龄、会员卡级别、在观测窗口内的飞行公里数、飞行时间等 44 个特征属性。本小节将简单介绍航空公司客户的数据来源、数据清洗和数据特征选取，为后续用户画像的构建提供"干净"数据。

（1）数据来源

数据来源于各航空公司的后台记录，以 2019 年作为结束时间，选取宽度为两年的时间段作为分析观测窗口，抽取观测窗口内有乘机记录的所有客户的详细数据形成历史数据，得到 44 个特征列，共 62988 条记录。

（2）数据清洗

原始数据的规模为 62988 行 44 列，发现其中存在票价为空值、折扣率为 0、飞行公里数为 0 的情况。票价为空值，可能是不存在飞行记录；折扣率为 0，可能是因为机票来自积分兑换等渠道。但其中很多空值，对后续的数据分析无意义，所以将其删除。首先删除票价为空的行，得到数据规模为 62299 行 44 列；然后在此基础上保留票价非零、平均折扣率不为 0 且总飞行公里数大于 0 的记录，将其余的删除，最终得到数据规模为 62044 行 44 列。

（3）数据特征选取

选取需求特征，将客户入会时间距观测窗口的结束月数（L）、最近一次乘坐飞机距观测窗口的结束月数（R）、在观测窗口内乘坐飞机的次数（F）、累计的飞行公里数（M）、客户在观测窗口内乘坐舱位对应的折扣系数的平均值（C）这 5 个特征，作为航空公司识别客户价值的关键特征。

3. 航空公司客户分布画像分析

在企业的客户关系管理中，构建用户画像对客户分类，区分不同价值的客户，从而针对不同价值的客户提供个性化服务方案，采取不同的营销策略，将有限营销资源集中于高价值客户，可以实现企业利润的最大化目标。

（1）不同性别会员分布画像

对于不同性别的会员进行统计需先使用分组聚合，对性别进行分组，统计不同性别的会员人数，绘制饼图，标记不同性别占总人数的百分比，如图 7-22 所示。由图 7-22 可知，会员中男性占比为 76.5%，女性占比为 23.5%，说明在航空公司的会员中，男性客户的比例较大。

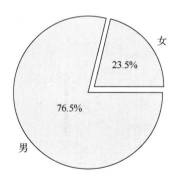

图 7-22　不同性别会员分布饼状图

（2）不同等级会员的性别分布画像

对于不同等级会员的性别进行统计需要使用分组聚合，对等级、性别进行分组，统计不同等级中不同性别的会员人数，男性数量用浅色条形表示，女性数量用黑色条形表示，以此来绘制不同等级会员的性别柱形图，如图 7-23 所示。

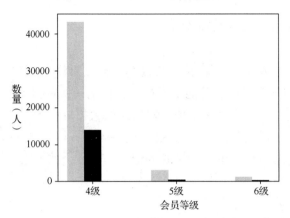

图 7-23　不同会员等级的性别柱形图

由图 7-23 可知，大多数会员的等级都是 4 级，男性 4 级会员人数高达 40000 多人，女性相对较少，只有 10000 多人。很少一部分会员的等级为 6，根据不同等级会员的人数分布，可以看出大多数会员乘坐飞机的次数不是特别多；对于 6 级的会员，乘坐飞机的次数很多，航空公司可以适当调低 6 级会员的票价，以保证 6 级的会员会坚持坐飞机，同时吸引其他等级的会员通过多次乘坐飞机提升会员等级。

（3）会员年龄分布画像

对于不同年龄的客户进行统计要先使用分组聚合，对年龄进行分组，然后再绘制会员年龄分布的箱线图，如图 7-24 所示。由图 7-24 可知，会员客户的年龄多集中在 35 岁～50 岁，会员年龄上限为 70 岁左右，下限为 16 岁左右，中位数在 40 岁左右，异常值主要集中在 80 岁左右，且图中含有极端值，年龄已大于 100 岁。出于航空公司对客户的安全考虑，一般不建议年龄超过 80 岁的老人乘坐飞机。所以在后续数据处理中，可以将离群值进行删除，以保证数据的准确性和可靠性。

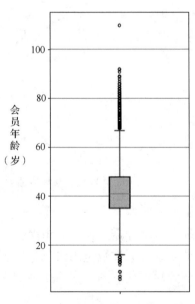

图 7-24　会员年龄分布箱线图

（4）各年份客户入会人数分布画像

对于各年份客户入会人数进行统计要先使用分组聚合，对年份进行分组，提取入会时间中的年份，绘制直方图。根据图 7-25 可知，在 2012 年—2019 年中，客户入会人数整体呈上升趋势，在 2017 年出现了少量下降，推测原因可能是受当时金融危机的影响。

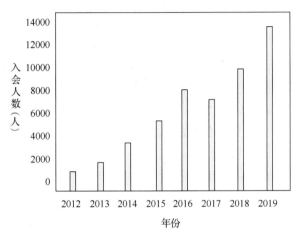

图 7-25　各年份客户入会人数柱形图

随着国际航空市场的激烈竞争，部分航空公司面临着旅客流失、竞争力下降和资源未充分利用等经营危机，可通过建立合理的客户价值评估模型对客户进行分群，分析比较不同客户群的客户价值，并制定相应的营销策略，对不同的客户群提供个性化的服务，以此来提高航空公司的经济效益。

综上所述，在市场竞争越发激烈的时代背景下，企业要想在市场中得到长远的发展就必须重视客户价值的挖掘，确保充分利用大数据时代给企业发展带来的机遇，发挥大数据所具备的数据处理分析功能，对客户的实际需求进行迭代分析，并在此基础上结合客户的需求进行客户价值的挖掘。

7.4.3　供应链管理

在大数据时代，供应链连接了诸多节点与组织，与此同时也连接了节点组织之间的信息资源。供应链运营的相关节点组织及客户数量多、需求高，面对信息爆炸时代知识、信息的获取环境，客户对于信息查询、知晓、反馈等要求也日益提高。因此，供应链运营中的信息管理要更好地实现与客户信息需求之间的对接，依托较强的供应链信息化管理的适应与满足能力，实现供应链在大数据时代背景中的优化与升级，依靠高质量、高效率的供应链管理手段，获得更高的价值。

1. 生鲜食品电商平台供应链案例任务

根据对生鲜电商平台各主体的实际调研，发现现阶段主要存在的问题一是平台未能及时收集消费者购买的信息记录来预测其需求；二是冷链系统不完善、生鲜食品配送在途时间长、配送方式传统易囤积等。进一步分析发现，引发问题的原因在于电商平台供应链在利用大数据对客户分层、冷链系统信息采集共享、整合运力以及优化物流路线和网点布置方面管理尚未到位。

2. 生鲜食品供应链信息聚合与价值创造

大数据时代供应链信息聚合以及信息的运用可以更好地展现供应链运营管理的多环节、多组织整合信息的价值。通过供应链信息聚合，可实现供应链信息资源的整体优势，促使企业在运营管理中具备供应链领域的数据收集能力、资源整合分析能力、运营预测决策能力等，运用供应链信息的聚合效应，实现信息资源高效的价值创造。供应链信息聚合与价值创造如图 7-26 所示，供应链中包括供应商、客户、供应链信息聚合、节点组织等环节，将生鲜食品的采购信息、库存信息、配送信息等繁杂信息，整合成聚合信息、大数据信息，然后供应链各节点供应商对信息进行及时处理，有效提升了生鲜食品供应链的运营效率，进而提高了生鲜供应的整体价值。

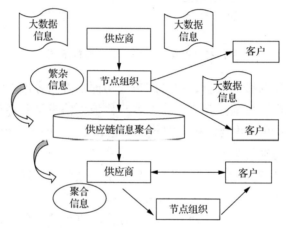

图 7-26 供应链信息聚合与价值创造

3. 生鲜食品电商平台供应链问题分析

供应链将计划、采购、生产、分销、服务等活动紧密衔接在一起，实现企业内部产供销、业财税一体化；通过社会化协同，将上游与下游企业涉及的供应商、生产商、分销商，以及金融、物流服务商等企业之间的商流、物流、信息流、资金流形成一体化运作。通过开放的生态融合服务，为企业提供更多的供应链服务，从而不断提升企业供应链管理水平，保证产业链、供应链稳定，实现敏捷供应、高效协同。本小节通过分析客户分层、配送方式、配送时间以及信息系统不完善等因素，得出生鲜食品电商平台供应链存在的问题。

（1）供应链信息聚合、客户分层问题

《2022 年中国生鲜电商行业洞察报告》显示，2022 年中国生鲜电商行业市场规模为 3637.5 亿元，同比上升 16.7%，用户对生鲜电商行业的信任度加深，预计 2026 年中国生鲜市场规模将达 6302.0 亿元。庞大的生鲜发展市场、大量的生鲜需求刺激了具有空间距离优势的社区生鲜电商的发展，诸多社区生鲜供应平台，如盒马鲜生、多多买菜、美团优选等应运而生。当前大部分生鲜电商平台还未做到有效挖掘数据、聚合信息，不能对客户需求进行精准预测；更未有效对用户点击率及时记录，推断用户偏好进而对用户进行进一步细化分层，将数据分析结果与生鲜食品供销相结合，从而为供应链生产端与配送端提供有效衔接。

（2）配送方式传统，生鲜食品易积压

目前多数电商平台生鲜食品配送流程是客户在线下单，商家收到订单信息后备货到物流网点，物流公司负责打包，快递员配送至顾客手中。该流程在面对"双十一""6.18"等节日订单剧增的情况时，特别容易出现货品积压、中转站爆仓、发货速度跟不上、后期配送缓慢等问题，最终可能导致生鲜产品质量下降，消费者满意度大打折扣。

（3）生鲜食品配送在途时间长

配送一直是冷链物流中较为重要也易"掉链"的环节，生鲜食品从生产到最终消费的全过程有 85% 以上的时间消耗在物流配送环节，而现阶段由于网点布局不合理、不完善，配送路线受交通状况和运力整合不到位等影响，导致生鲜食品配送在途时间冗长。

（4）冷链信息系统不完善

在生鲜食品冷链物流信息系统中，比较理想的情景是从发出冷链物流仓库开始，将实时的质量信息输送到系统中，经过各冷链物流部门中转站时，实时交接信息，生鲜食品的入站、转站、出站过程，生鲜食品自身实时重量、质量信息，冷链各环节运输中的温度、湿度环境信息完整及时地输送到系统中，再通过冷链物流信息交换平台统一处理，将信息输送到各冷链企业。但现有冷链信息在输送中，由于自动化的信息发送与接收系统并未得到充分运用，无法做到信息实时共享。

4．基于大数据的生鲜食品电商平台供应链优化

鉴于生鲜食品具有保质期短、品种繁多、运输过程需全程保障等特点，对生鲜食品电商平台供应链的要求远高于其他电商产品供应链。近年来大数据分析技术不断成熟，针对生鲜食品电商平台供应链现存的问题，需将大数据技术与供应链进一步融合。大数据分析注重相关性，可通过对已有数据进行分析，挖掘其数据背后的经济价值。

（1）大数据技术助力客户分层，实现个性化销售

个性化是大数据时代电商平台服务体系的一个特点，客户需求不同就要求电商平台服务有针对性及创新性。一方面，电商平台可以通过自身数据优势，分类别、分模块开发电商平台生鲜食品；另一方面，在大数据支持下电商平台可以结合客户在平台页面的点击率和浏览次数预判客户的近期需求，依据客户浏览数据来分析其行为规律，对客户进行分层，基于大数据技术给出科学论断，并分析消费者喜好，从而实现尽可能高效、个性化的销售。

（2）大数据实时监控，完善可溯源体系

质量一直是生鲜类产品需重点关注的问题，要充分利用大数据技术，实现覆盖生产、加工、流通等各环节的三全（全过程、全要素、全方位）生鲜食品安全追溯。通

过空间统计模型对采集的数据进行智能分析，依托大数据技术，在分析平台上实现对生鲜食品生产运输各环节的追溯回放、交互式可视化分析，有利于电商平台经营者全方位掌握生鲜食品的安全态势；顾客也可以直观地查询其购买生鲜食品的生产流程和配送过程，有效提升了顾客消费信心。另外，实时监控数据还能为食品生产者提供实践指导，提升其对生鲜食品质量的安全把控，对生产企业起到强制性约束作用。生鲜食品质量溯源管理流程参考如图 7-27 所示，主要包括监管溯源系统、生产管理系统、流通监管系统和追溯反馈系统 4 个系统，生产环节主要包括生产前、生产中和生产后 3 个阶段。

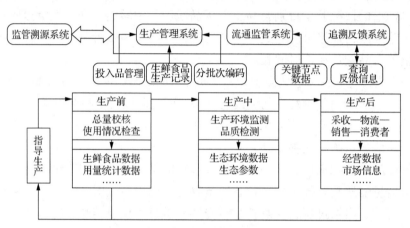

图 7-27　生鲜食品质量溯源管理流程参考

（3）大数据优化网点布置，提升"最后一公里"配送效率

"最后一公里"配送是目前生鲜电商平台配送有待突破的一个难题，平台需要建设密集物流网络覆盖整个生鲜食品销售市场，才能确保在顾客下单后迅速完成配送。可依据大数据平台提供的现有物流网点覆盖范围及未覆盖地区城镇格局、通行状况、周边公共基础设施（如学校、商业区、大型商超市等），结合实地勘察、参考人口密度、配送需求量等综合数据，利用大数据技术将空间地理信息与网点位置信息结合开展分析，以最少的配送营业点覆盖最多的顾客以节约成本为出发点，智能分配物流配送网点，还可据此确定新增网点的最佳位置。

大数据时代，供应链的运营管理需要重视信息资源的有效运用，发挥供应链信息的价值，凸显供应链信息聚合的重要性。供应链信息聚合能提高其流程信息的管理效率与多元化决策水平，提升信息运营管理的经济效益与社会效益，推动供应链的高效运作和持续发展。

小结

本章介绍了大数据技术在城市管理、金融领域、互联网领域以及零售行业的应用，从中可以感受到大数据对社会产生了深刻的影响，大数据已经在生产和日常生活中得到了广泛的应用。数据整合、数据共享、数据开放成为趋势，只要采集充足的数据，打破"信息孤岛"现象，就可在智能交通、智慧环保、智慧金融、智慧商业等领域充分发挥数据的价值，为智慧城市建设提供更多助力，为人类社会进步带来新的机遇。

课后习题

1. 单选题

（1）下列关于公共交通数据的说法错误的是（　　　）。

    A. 公共交通数据总量庞大

    B. 公共交通数据字段完整，不需要处理

    C. 公共交通数据可能出现格式错误

    D. 公共交通数据在分析前需要预处理

（2）BP 神经网络可以较好地克服（　　　）以及非线性的缺陷，从而对个股股票进行分析。

    A. 低噪声　　　　B. 中噪声　　　　C. 高噪声　　　　　　D. 自然噪声

（3）环保监测平台的数据处理操作不包括（　　　）。

    A. 缺失数据补充　　　　　　　B. 噪声数据处理

    C. 冗余数据删除　　　　　　　D. 数据采集存储

（4）零售业的一个重要应用——购物篮分析依据的规则是（　　　）。

    A. 推荐规则　　B. 关联规则　　C. 因果关系　　　D. 相关关系

（5）下列关于大数据在环保监测系统中的描述错误的是（　　　）。

    A. 随着移动终端、传感器和智能终端等物联网监测设备投入使用，环保监测数据呈现爆发式增长

    B. 随着环境监测的粒度变细和状态变量增多，环保数据呈现异构性、低维度、关联程度紧密等特点

    C. 环保大数据监测平台不仅考虑当前业务需求，还要考虑未来业务需求变化，因此平台采用稳定且易扩展的方式进行设计

    D. 环境监测平台由数据采集层、数据处理层、数据计算层和数据应用层组成

（6）Spark 交替最小二乘法具有（　　　）与迭代次数成正比的特性。

    A. 空间　　　　B. 内容　　　　C. 时间　　　　　D. 用户

（7）下列不属于大数据技术的应用的是（　　　）。

    A. 智能交通　　B. 环保监测　　C. 食品安全　　　D. 无接触测温

（8）在长尾效应中，人们主要的需求会集中在（　　　）。

    A. 尾部　　　　B. 头部　　　　C. 中间部分　　　D. 后半部分

（9）下列使用聚类分析算法的应用场景是（　　　）。

    A. 公交用户出行　　　　　　　B. 音乐推荐系统

    C. 购物篮分析　　　　　　　　D. 股票价格预测

（10）ALS 算法又称最小二乘法，该算法属于 User-Item CF，是一种同时考虑到用户和（　　　）的算法。

    A. 客户　　　　　B. 算法　　　　　C. 价值　　　　　D. 物品

2．多选题

（1）目前大数据技术被渗透到社会的方方面面，包括（　　　）。

    A. 智能交通　　B. 环保监测　　C. 食品安全　　　　D. 金融领域

（2）关于公交用户出行数据，下列说法正确的是（　　　）。

    A. 数据预处理是数据分析挖掘中重要的环节，因此出行数据预处理非常重要

    B. 公共交通数据来源广、格式复杂、数据量大、种类繁多、数据离散

    C. 从移动终端用户的轨迹中判别交通方式是一个典型的模式识别问题

    D. 需根据轨迹对象的统计特征寻找合适的统计量，并使用机器学习算法建立判别规则

（3）环保监测大数据平台中业务应用层实现的功能包括（　　　）。

    A. 智能呈现　　B. 数据融合　　C. 自动预警　　　　D. 智能监控

（4）大数据环境监测平台的计算框架包括（　　　）。

    A. 数据仓库 Hive

    B. 海量数据处理框架 Hadoop

    C. 流数据处理框架 Storm

    D. 图数据处理框架 GraphX

（5）用于数据采集的设备主要包括（　　　）。

    A. 智能手机　　B. 平板电脑　　C. 摄像头　　　　D. 传感器

（6）大数据环境监测平台采用稳定且易扩展的方式进行设计，是由哪几层来组成的？（　　　）

    A. 数据采集层　B. 数据处理层　C. 数据计算层　　D. 数据应用层

（7）对城市公交用户出行数据做特征分析时，交通方式判别工作包括 3 个步骤，分别是（　　　）。

    A. 出行段分割　B. 统计量选取　C. 深度学习　　　D. 机器学习

（8）下列关于大数据在互联网领域的应用说法中正确的是（　　　）。

    A. ALS 算法是一种同时考虑用户和物品的算法，是一种基于矩阵分解的协同过滤

    B. 经历了基于用户数量的时代、基于销量的时代，现在的电子商务已经处在大数据时代

    C. 协同过滤推荐是推荐算法中最普遍的类型，可根据用户的喜好程度进行预测

    D. 电子商务企业通过对海量的数据进行收集、分析、整合，挖掘出对自己有用的信息

（9）用户出行数据的预处理环节主要包括（　　　）。

    A．出行缺失数据补偿　　　　　　B．异常出行数据剔除

    C．出行数据不一致检测　　　　　D．出行数据噪声识别

（10）下列关于购物篮分析的说法中正确的是（　　　）。

    A．购物篮分析是一种基于用户行为数据进行相关性分析的方法

    B．购物篮分析旨在从零售记录中分析顾客经常同时购买的商品组合，挖掘购物篮中有价值的信息

    C．购物篮分析通过购物篮中的交易信息来分析顾客的购买行为

    D．购物篮分析是因果规则在零售业的一个重要应用

3．简答题

（1）简述大数据在智能交通领域的应用。

（2）简述大数据在推荐系统领域的应用。

参考文献

[1] 梅宏. 大数据导论[M]. 北京：高等教育出版社，2018.

[2] 林子雨. 大数据导论[M]. 北京：人民邮电出版社，2020.

[3] 杨尊琦. 大数据导论[M]. 北京：机械工业出版社，2018.

[4] 张军，张良均. Hadoop 大数据开发基础（微课版）[M]. 2 版. 北京：人民邮电出版社，2021.

[5] 许洁明. "平安城市"建设中云存储技术的应用[J]. 现代信息科技，2018，2(4)：28-29.

[6] 王鹤，赵亚飞. 云存储技术在平安城市建设中的应用[J]. 中国公共安全，2014(7)：160-162.

[7] 崔国进. 浅谈平安城市建设：视频存储技术[J]. 电子世界，2014(3)：101-102.

[8] 博特罗斯，廷利. 高性能 MySQL [M]. 4 版. 宁海元，周振兴，张新铭，译. 北京：电子工业出版社，2022.

[9] 孙帅，王美佳. Hive 编程技术与应用[M]. 北京：中国水利水电出版社，2018.

[10] 胡争，范欣欣. HBase 原理与实践[M]. 北京：机械工业出版社，2019.

[11] 戴利. MongoDB 入门经典[M]. 朱爱中，译. 北京：人民邮电出版社，2015.

[12] 黄健宏. Redis 设计与实现[M]. 北京：机械工业出版社，2014.

[13] 王倩南. 移动互联网环境下的汽车行业客户关系管理系统规划[D]. 重庆：重庆大学，2018.

[14] 胡泽萍. 电子商务环境下用户画像对精准营销的影响研究[J]. 现代营销（下旬刊），2020(11)：72-73.

[15] 宋献平. 基于用户行为的智能家用消防产品设计研究[D]. 武汉：湖北工业大学，2022.

[16] 刘军. Hadoop 大数据处理[M]. 北京：人民邮电出版社，2013.

[17] 王哲，张良均，李国辉，等. Hadoop 与大数据挖掘[M]. 2 版. 北京：机械工业出版社，2022.

[18] 卢剑，张学东，张健钦，等. 利用卷积神经网络识别交通指数时间序列模式[J]. 武汉大学学报（信息科学版），2020，45(12)：1981-1988.

[19] 高志鹏，牛琨，刘杰. 面向大数据的分析技术[J]. 北京邮电大学学报，2015，38(3)：1-12.

[20] 江吉彬，张良均. Python 网络爬虫技术[M]. 北京：人民邮电出版社，2019.

[21] 任妮，吴琼，栗荟荃. 数据可视化技术的分析与研究[J]. 电子技术与软件工程，2022(16)：180-183.

[22] 潘强，张良均. Power BI 数据分析与可视化[M]. 北京：人民邮电出版社，2019.

[23] 沈恩亚. 大数据可视化技术及应用[J]. 科技导报，2020，38(3)：68-83.

[24] 李雪莹. 大数据可视化分析在扶贫审计中的应用研究[D]. 吉林：东北电力大学，2023.

[25] 何靖. 旅游大数据赋能的游客出游预测模型研究[D]. 昆明：云南财经大学，2023.

[26] 胡俊，黄厚宽，高芳. 一种基于平行坐标的度量模型及其应用[J]. 计算机研究与发展，2011，48(2)：177-185.

[27] 徐冰. 地书：从点到点[M]. 桂林：广西师范大学出版社，2012.

[28] 吕欣，韩晓露. 大数据安全和隐私保护技术架构研究[J]. 信息安全研究，2016，2(3)：244-250.

[29] 刘明辉，张玮，陈湉，等. 数据安全与隐私保护技术研究[J]. 邮电设计技术，2019(4)：25-29.

[30] 高晓雨. 我国数据开放共享报告[R]. 北京：国家工业信息安全发展研究中心，2021.

[31] 张尧学，胡春明. 大数据导论[M]. 2版. 北京：机械工业出版社. 2021：303-312.

[32] 张玉宏. 大数据导论[M]. 北京：清华大学出版社. 2021：164，169.

[33] 邝昊天. 基于数据挖掘的公共交通用户出行行为分析[D]. 武汉：华中科技大学，2017.

[34] 杨帆. 大数据如何推动智慧环保落地[J]. 人民论坛，2019(34)：54-55.

[35] 郭倩倩，陈新春. 基于环保大数据的环境监测平台建设研究[J]. 无线互联科技，2021，18(20)：39-41.

[36] 邢伟琛. 大数据环境下的股票预测探究[J]. 中国商论，2020(3)：31-32.

[37] 黄朝群. 基于因子分析和聚类分析的旅游上市公司经营绩效评价[J]. 中国市场，2022(9)：37-39.

[38] 黄立威，江碧涛，吕守业，等. 基于深度学习的推荐系统研究综述[J]. 计算机学报，2018，41(7)：1619-1647.

[39] 葛苏慧,万泉,白成杰. 基于交替最小二乘法的 Spark 个性化影片推荐系统[J]. 南京理工大学学报,2020,44(5):583-589.

[40] 褚维伟. 零售交易数据的购物篮挖掘与压缩方法研究[D]. 深圳:深圳大学 2017.

[41] 陈永平,蒋宁. 大数据时代供应链信息聚合价值及其价值创造能力形成机理[J]. 情报理论与实践,2015,38(7):80-85.

[42] 周树华,张正洋,张艺华. 构建连锁超市生鲜农产品供应链的信息管理体系探讨[J]. 管理世界,2011(3):1-6.